ECOLOGICAL ENVIRONMENT

生态环境产教融合系列教材

环境影响评价案例库

主　编　赵小辉

副主编　章琴琴　冯永强

编　委　丁世敏　白淑琴

　　　　肖　萍　吴易雯

中国科学技术大学出版社

内 容 简 介

本书针对资源环境类专业本科生的知识结构和特点及人才培养目标,基于生态环保、水利、农副食品加工、核与辐射、交通运输等产业发展现状,构建 5 个环境影响评价分析案例,帮助学生提升环境影响评价基本技能。另外,为了帮助教师有效提升案例教学效果,本书提供了案例使用说明(包括适用范围、教学目的、关键要点、案例分析思路及教学建议)。本书最后还给出了环境影响评价实操练习。

本书内容丰富、资料翔实,具有时代性、行业前沿性及系统性,可作为高等院校资源环境、环境科学、地理学、管理科学等专业学生的学习指导书,也可作为环境保护研究人员和政府管理部门工作人员的参考书。

图书在版编目(CIP)数据

环境影响评价案例库/赵小辉主编. —合肥:中国科学技术大学出版社,2024.1
ISBN 978-7-312-05848-6

Ⅰ. 环⋯ Ⅱ. 赵⋯ Ⅲ. 环境影响—评价—案例—高等学校—教材 Ⅳ. X820.3

中国国家版本馆 CIP 数据核字(2023)第 229009 号

环境影响评价案例库
HUANJING YINGXIANG PINGJIA ANLI KU

出版	中国科学技术大学出版社
	安徽省合肥市金寨路 96 号,230026
	http://press.ustc.edu.cn
	https://zgkxjsdxcbs.tmall.com
印刷	安徽省瑞隆印务有限公司
发行	中国科学技术大学出版社
开本	787 mm×1092 mm 1/16
印张	11.5
字数	294 千
版次	2024 年 1 月第 1 版
印次	2024 年 1 月第 1 次印刷
定价	45.00 元

前　　言

人类社会的发展历程与自然环境的变迁紧密相连,从原始的狩猎采集,到农业革命,再到工业革命,每一次重大的社会进步都伴随着对自然环境的深刻影响。如今,我们身处一个科技进步、经济腾飞的时代,与此同时,解决生态环境问题也成为全球共同面临的挑战,加强环境保护和可持续发展已成为社会的共识。在这样的背景下,生态环境产教融合系列教材应运而生,这套教材不仅是对环境保护领域知识的一次全面梳理,更是对产教融合教育模式的一种实践与探索,让知识更好地服务于环保产业的创新与发展。

本书是与环境影响评价理论和实践课程相配套的重要教学资源。为了更好地适应新时期高等教育的新要求,本书针对高等教育的特点和环境科学类专业人才培养目标,注重理论与实际相结合,突出对环境影响评价专业人才素质和技能的培养,并且基于国家生态文明建设背景,将环境影响评价最新改革内容适当引入案例中,同时根据国家环境影响评价相关标准、技术规范要求以及环评工程师职业技能的要求,进行编写。

全书包含 5 个真实环境影响评价分析案例,涉及生态环保、水利、农副食品加工、核与辐射、交通运输等产业,分别为某医疗废物处理中心环境影响评价分析案例、黄河下游某防洪工程项目环境影响评价分析案例、某生猪屠宰项目环境影响评价分析案例、某矿点退役治理工程环境影响评价分析案例和某铁路建设项目环境影响评价分析案例。另外,为了帮助教师有效提升案例教学效果,本书提供了案例使用说明(包括适用范围、教学目的、关键要点、案例分析思路及教学建议)。本书最后还给出了环境影响评价实操练习。

赵小辉负责本书的总体构思、统稿及全文润饰,并编写了案例 1、2 和 4;章琴琴和冯永强编写了案例 3;丁世敏、白淑琴、肖萍和吴易雯编写了案例 5 及实操练习。

本书是重庆市普通本科高校示范性现代产业学院——智慧环保产业学院和重庆市高等教育教学改革重点项目("新工科建设背景下地方高校传统工科专业改造升级路径探索与实践"及"基于学科交叉的智慧环保产业学院'双向五维'建设路径的探索与实践")的研究成果之一。

感谢中国科学技术大学出版社积极推进本书的编写工作。在本书编写过程中,参考和引用了多位专家、学者的研究成果,在此致以衷心的感谢。由于编者水平有限,书中错误在所难免,敬请读者批评指正。

编　者
2023 年 10 月

目　　录

前言 ··· （ⅰ）

案例 1　某医疗废物处理中心环境影响评价分析案例 ··················· （001）

1.1　项目概况 ··· （002）

1.2　建设项目周围环境概况 ·· （016）

思考题及参考答案 ··· （021）

案例 2　黄河下游某防洪工程项目环境影响评价分析案例 ··············· （031）

2.1　项目概况 ··· （032）

2.2　建设项目周围环境概况 ·· （037）

思考题及参考答案 ··· （041）

案例 3　某生猪屠宰项目环境影响评价分析案例 ························· （056）

3.1　项目概况 ··· （057）

3.2　建设项目周围环境概况 ·· （061）

3.3　环境影响预测与评价 ·· （071）

思考题及参考答案 ··· （078）

案例 4　某矿点退役治理工程环境影响评价分析案例 ····················· （093）

4.1　项目概况 ··· （094）

4.2　建设项目周围环境概况 ·· （098）

4.3　施工过程中非放射性环境影响 ·· （102）

思考题及参考答案 ··· （104）

案例 5　某铁路建设项目环境影响评价分析案例 ························· （115）

5.1　项目概况 ··· （115）

5.2　建设项目周围环境概况 ·· （119）

5.3　工程分析 ··· （134）

思考题及参考答案 ··· （143）

附录 ··· （173）

附录 1　案例使用说明 ·· （173）

附录 2　实操练习 ··· （175）

案例 1　某医疗废物处理中心环境影响评价分析案例

随着"环境影响评价制度"与"三同时""排污许可证制度"的紧密衔接,环境影响评价在我国经济建设和社会发展中的重要性更加凸显。近年来,重庆市医疗卫生事业不断发展,医疗卫生机构不断增多,导致全市各区县内产生的医疗废物逐渐增多。医疗废物含有大量病原微生物,如果未能妥善处置,极易传播疾病并造成疫病流行,其属于重度污染的危险废物,对人体健康和生态环境具有极大的危害性。随着人们环保意识和健康意识逐渐增强,特别是经历了"非典"和"新型冠状病毒感染"之后,人们更加关注公共卫生和自身健康,期望政府采取更有效的措施控制可能造成疾病传播的因素,创造一个更加清洁、安全、健康的生存环境。本案例以人人都可能接触的医疗废物为切入点,将学校周边某医疗废物处理中心作为评价对象进行案例剖析。

环境影响评价是指对规划和建设项目实施后可能造成的环境影响进行分析、预测和评估,提出预防或者减轻不良环境影响的对策和措施,进行跟踪监测的方法与制度。通俗地说,环境影响评价就是分析项目建成投产后可能对环境产生的影响,并提出污染防治对策和措施。

环境影响评价是一门理论与实践相结合的适用性、综合性均很强的学科,是人们认识环境的本质和进一步保护与改善环境质量的手段与工具。其教学目标是,学生在掌握一定环境影响评价理论知识的基础上,通过融会贯通、独立思考,将基础理论与实践相结合,把书本知识运用到实际的项目环境影响评价当中,进而掌握环境影响评价的工作程序以及区域环境现状调查、工程分析和环境影响预测评价的技术方法,初步具有编写环境影响评价文件的能力。

随着经济的发展,我国的医疗事业也取得了很大的进步,但因此也出现了很多问题,比如医疗废物的处理问题。医疗废物处理,是指有关人员,对医院内部产生的对人或动物及环境具有物理、化学或生物感染性伤害的医疗废物的处理流程。它包括对某些感染性强的医疗废物的妥善消毒乃至彻底清除的过程。医疗废物如果处理不当,则可能造成疾病的传播和流行,还会污染土壤和饮用水,进而对人们的身体健康造成危害。因此,在《加强碳达峰碳中和高等教育人才培养体系建设工作方案》(教高函〔2022〕3 号)中"培养工程技术、金融管理等各行业和各领域的专门人才"及《国家中长期教育改革和发展规划纲要(2010—2020年)》和《国家中长期人才发展规划纲要(2010—2020 年)》中提出的"卓越工程师教育培养计划"(简称"卓越计划")倡导下,长江师范学院绿色智慧环境学院环境科学教学团队积极整合有关教学资源,以人人都可能接触的医疗废物为切入点,将学校周边某医疗废物处理中心作为评价对象进行案例剖析,开发整理出"某医疗废物处理中心环境影响评价分析案例"。让学生在掌握医疗废物环境问题的产生及防控、管理知识的同时,掌握环境影响评价工作流程及工作重点。

1.1　项　目　概　况

1.1.1　项目由来

近年来,重庆市医疗卫生事业不断发展,全市医疗卫生机构不断增多,导致全市各区县内产生的医疗废物逐渐增多。医疗废物含有大量病原微生物,如果未能妥善处置,极易传播疾病并造成疫病流行,其属于重度污染的危险废物,对人体健康和生态环境具有极大的危害性。随着人们环保意识和健康意识逐渐增强,特别是经历了"非典"和"新型冠状病毒感染"之后,人们更加关注公共卫生和自身健康,期望政府采取更有效的措施消除可能造成疾病传播的因素,创造一个更加清洁、安全、健康的生存环境。

为了防止医疗废物因贮存而衍生各种污染隐患,并降低运输转运处置成本、有效控制远距离转运带来的二次环境污染风险。根据《全国危险废物和医疗废物处置设施建设规划》(环发〔2004〕16 号),重庆市医疗发展迅猛的各区县需要就近建设医疗废物集中处置设施(或中心),以满足各区县内医疗废物无害化处置的要求。根据重庆市某区目前的社会经济条件,为保障公众健康及满足社会卫生安全的需要,在某区内建设一座医疗废物集中处置中心非常有必要。

重庆市某医疗废物处理中心位于某区某工业园区,是一家专门从事医疗废物收集、运输和处置的公司。2010 年,该公司根据《全国危险废物和医疗废物处置设施建设规划》和《重庆市危险废物和医疗废物处置设施建设规划实施方案》(渝办发〔2004〕312 号),在某区某工业园区开始筹建"重庆市某医疗废物处理中心",工程规模为建设处置感染性废物和损伤性废物类医疗废物能力为 5 t/d 的高温蒸汽灭菌处理设施 1 套及其他配套设施(简称"1♯医疗废物处置线"),服务范围为某区周边六区县,建设两年后顺利投产运营,并通过竣工环保验收。2016 年,随着重庆市某医疗废物处理中心项目服务范围内医疗废物产生量逐年增加,为防止 1♯医疗废物处置线非正常工况下(设备检修和维修状态),医疗废物未能及时处置的现象发生,该公司投资 149 万元,增加处置能力为 5 t/d 的高温蒸汽灭菌处理系统和破碎系统 1 套(简称"2♯医疗废物处置线"),作为项目医疗废物处置的临时应急设施,并于 2017 年年底建成。但由于该公司原来服务的其他区县的医疗废物逐渐转运至距离更近的处理中心处置或通过自建处置项目处置,2♯医疗废物处置线建成后,该公司的实际服务范围仅为某区,其医疗废物实际收集量下降至约 2.50 t/d。因此,该公司即使在 1♯医疗废物处置线设备检修或维修期间,通过冷库冷藏周转等方式,也可在规定的时间内将收集的医疗废物及时处置,2♯医疗废物处置线建成后实际闲置,并未启用。

2018 年,随着《重庆市污染防治攻坚战实施方案(2018—2020 年)》的进一步落实,根据重庆市生态环境局印发的《重庆市危险废物集中处置设施建设布局规划(2018—2022 年)》(2018 年 11 月 15 日),该医疗废物处理中心提出"新增 1 套 5 t/d 的医疗废物处置设施,完成现有医疗废物处置设施扩建项目"。为防止医疗废物处置能力建设过剩,考虑到现有 2♯医疗废物处置线建成未启用,根据《重庆市危险废物集中处置设施建设布局规划(2018—2022 年)》的要求,该医疗废物处理中心决定本次扩建项目直接使用现有 2♯医疗废物处置线设备,同时根据该区医疗废物产生量的增长趋势(表 1.1),扩建项目医疗废物的处置能力达到 10 t/d,处置类别为感染性、损伤性医疗废物和非特性行业产生的医疗废物(具体请参见《医疗废物分类目录》),其中非特性行业产生的医疗废物年增长量约为 40 t。

表 1.1 重庆某区感染性医疗废物和损伤性医疗废物收集处置情况统计表

年份(年)	收 集 处 置 量	
	t/a	t/d(按年运行 345 d 考虑)
20××	278.95	0.81
20××+1	225.67	0.65
20××+2	226.29	0.66
20××+3	293.99	0.85
20××+4	312.96	0.91
20××+5	358.30	1.04
20××+6	457.71	1.33
20××+7	499.50	1.45
20××+8	538.89	1.56
20××+9	653.54	1.89
20××+10	856.93	2.48
20××+11	958.73	2.78

1.1.2 项目情况

1. 项目总体情况

"重庆市某医疗废物处理中心扩建项目"位于重庆市某医疗废物处理中心现有厂区内,不新增用地,不新增建构筑物,工程的主要内容是将已建成的 2♯医疗废物处置线作为扩建工程的医疗废物处理系统,并将处置规模由 5 t/d 增大至 10 t/d。项目周边不涉及自然保护区、风景名胜区等特殊环境保护目标,属于居住、商业、工业混杂区,拟建项目生产废水经厂区内污水处理站预处理后与经化粪池收集处理后的生活污水及满足《污水排入城镇下水道水质标准》(GB/T 31962—2015)的含氨氮废水一起通过园区污水管网进入某污水处理厂进一步处理,达到《城镇污水处理厂污染物排放标准》(GB 18918—2002)一级 A 标准后排入长江,受纳水体为长江"河风滩—三堆子"段。园区内及周边居民已实现自来水供水,项目区内无城镇集中的大、中型供水水源地和水源保护区,地下水未利用,无居民将井泉作为饮用水水源。项目扩建后服务范围仅为某区,处置类别为感染性、损伤性医疗废物和非特性行业产生的医疗废物(表 1.2)。

表 1.2　感染性、损伤性医疗废物和非特性行业产生的医疗废物的常见组分

类别	类别代码	特征	常 见 组 分
感染性医疗废物	831-001-01	携带病原微生物,具有引发感染性疾病传播危险的医疗废物	被患者血液、体液、排泄物等污染的除锐器以外的废物;使用后废弃的一次性使用医疗器械,如注射器、输液器、透析器等;病原微生物实验室废弃的病原体培养基、标本,菌种和毒种保存液及其容器;其他实验室及科室废弃的血液、血清、分泌物等标本和容器;隔离传染病患者或者疑似传染病患者产生的废弃物
损伤性医疗废物	831-002-01	能够刺伤或者割伤人体的废弃医用锐器	废弃的金属类锐器,如针头、缝合针、针灸针、探针、穿刺针、解剖刀、手术刀、手术锯、备皮刀、钢钉和导丝等;废弃的玻璃类锐器,如盖玻片、载玻片、玻璃安瓿等;废弃的其他材质类锐器
非特性行业产生的医疗废物	900-001-01	——	动物诊疗机构产生的感染性、损伤性医疗废物

2. 现有工程项目情况

（1）现有工程项目组成

现有工程项目由生产主体工程、配套工程、生产管理与生活服务设施、环保工程、公用工程五部分组成,见表 1.3。

表 1.3　现有工程项目组成一览表

项目	项目名称		工 程 内 容	备注
生产主体工程	接收贮存系统	运输系统	配置周转箱 805 个;组建专业车队,公路运输,配备 6 辆 1.5 t 医疗废物转运车,配备 1 辆 12.6 t 医疗残渣转运车	留用
		接收计量系统	配地磅、电子秤和微电脑等电子剂量数据处理系统	留用
		冷库	建有冷库 1 间,布置于医疗废物处理车间内,规格为 9.90 m×4.20 m×3.60 m,最大可存储约 1152 个周转箱,约 19.98 t 医疗废物	留用
	医疗废物处理车间		1 座,规格为 36.9 m×13.8 m×7.2 m,内置医疗废物处置能力为 5 t/d 的高温蒸汽灭菌处理系统 2 套(每套处理系统的医疗废物处置能力为 0.41～0.58 t/批次,每天处置 10 批次,16 h 工作制),其中 1# 高温蒸汽灭菌处理系统为日常运行设备,2# 高温蒸汽灭菌处理系统为应急设备;医疗残渣破碎系统 2 套(处置能力均为 1 t/h),1# 破碎系统为日常运行设备,2# 破碎系统为应急设备。另将冷库、周转箱清洗和消毒间、更衣室、休息室等布置在医疗废物处理车间内	本次将 2# 高温蒸汽灭菌系统和 2# 破碎系统改建为扩建工程的日常运行设备

续表

项目	项目名称	工　程　内　容	备注
配套工程	锅炉房	1 间,规格为 7.5 m×4.8 m×6.1 m,配 0.5 t/h 的燃气蒸汽锅炉 1 台,配 1 台全自动软化水设备,软水制备能力为 1.5 t/h,作为高温蒸汽灭菌处理系统的蒸汽供应系统	留用
	周转箱清洗和消毒间	1 间,规格为 13.8 m×6.0 m×7.2 m,用于周转箱消毒和存放,周转箱消毒清洗能力为 60～70 个/h	留用
	废物转移间	1 间,布置在医疗废物处理车间内,用于医疗残渣转运车装载待外运的医疗残渣	留用
	休息室	1 间,布置在医疗废物处理车间内	留用
	更衣室	1 间,布置在医疗废物处理车间内	留用
	化验室	1 间,布置在医疗废物处理车间内	留用
	停车场	160 m²,布置在项目危险废物暂存间旁	留用
	门卫	1 间,项目入口处	留用
生产管理与生活服务设施		建综合楼 1 栋,348 m²,宿舍、办公、会议等用房,未建食堂	留用
环保工程	废气处理系统　1♯活性炭吸附处理系统	1♯高温蒸汽灭菌设备抽真空废气经设备自带的高精度膜生物过滤器处理后,再经废气收集管引至高温蒸汽灭菌设备卸料口处设置的集气罩内侧,同 1♯高温蒸汽灭菌设备卸料口废气一起,经集气罩收集,进入 1♯活性炭吸附处理系统处理,处理达标的废气经 1 根 15 m 高的排气筒(1)排放	留用
	2♯活性炭吸附处理系统	冷库废气经排风管道送入 2♯活性炭吸附处理系统处理,1♯破碎机废气经集气罩收集后,进入 2♯活性炭吸附处理系统处理。处理达标的冷库废气和 1♯破碎机废气经 1 根 15 m 高的排气筒(2)排放	留用
	3♯活性炭吸附处理系统	2♯高温蒸汽灭菌设备抽真空废气经设备自带的高精度膜生物过滤器处理后,经废气收集管引至高温蒸汽灭菌设备卸料口处设置的集气罩内侧,同 2♯高温蒸汽灭菌设备卸料口废气一起,经集气罩收集,进入 3♯活性炭吸附处理系统处理,处理达标的废气经 1 根 15 m 高的排气筒(3)排放	留用
	4♯活性炭吸附处理系统	2♯破碎机废气经集气罩收集后,进入 4♯活性炭吸附处理系统处理。处理达标的废气经 1 根 15 m 高的排气筒(4)排放。装置配置风机最大允许风量均为 7419 m³/h	留用
	锅炉废气排放系统	燃气锅炉废气经 1 根约 8 m 高的排气筒(5)排放	留用

续表

项目	项目名称		工 程 内 容	备注
	污废水处理	污废水处理站	建化粪池和废水处理站各 1 座,其中废水处理站含消毒池、沉淀池、污泥池等,处理能力为 20 m³/d。处理后的废水采用污水罐车,运至某区某污水处理厂处理达标后,排入长江	废水处理站留用;本次扩建改变处理后的废水排放方式
		加药间	1 间,污废水处理站配套设施,内置 1 台二氧化氯发生器,有效氯发生量为 300 g/h,含氯酸钠化料器(0.5 kW)、原料罐(Φ280 mm×1200 mm)、盐酸储罐	留用
	危险废物暂存间		1 间,约 80 m²,布置在停车场旁,用于暂存废滤芯、废活性炭、废水处理站污泥等危险废物	留用
	环境风险		厂区设置 1 个 230 m³ 的调节池,可兼事故池	留用
			对二氧化氯制备间地坪进行了防渗处理,并在二氧化氯制备区(含原料罐和盐酸储罐)建有围堰,加氯间设置边沟 45 m 与调节池连通	留用
公用工程	供水		来自市政供水系统,项目综合楼旁设置 1 个 150 m³ 的清水池	留用
	供电		由某区供电公司将 10 kV 电源引入,建有配电室 1 间	留用
	排水	污废水	生产废水和初期雨水经废水处理站处理达《医疗机构水污染物排放标准》(GB 18466—2005)中其他医疗机构水污染物预处理标准后,采用污水罐车运至某区某污水处理厂处理达标后排放;生活污水经化粪池处理后进入废水处理站处理	本次扩建改变处理后的废水排放方式
		雨水	厂区四周设置雨水排水沟,初期雨水收集处理后排放	留用

(2) 现有工程主要设施设备及原辅材料

① 主要设施设备

现有工程主要设施设备见表 1.4。

表 1.4　现有工程主要设施设备一览表

生产单元	设备名称	单位	数量	型号	备注
收运系统	周转箱	个	805	600 mm×500 mm ×360 mm	留用
	医疗废物转运车	辆	6	厢式货车;载重 1.5 t	留用
	医疗残渣转运车	辆	1	厢式货车;载重 12.6 t	留用

续表

生产单元	设备名称	单位	数量	型号	备注
1#高温蒸汽灭菌处理系统(处置能力为5 t/d, 16 h/d)	自动上料机	套	1	SL-1	留用
	灭菌小车	辆	10	0.58 m³/辆	留用
	医疗废物专用灭菌器	套	1	YFM-A-360	留用
	灭菌车输送系统	套	1	——	留用
	控制系统	套	1	YFM-A-360	留用
2#高温蒸汽灭菌处理系统(处置能力为5 t/d, 16 h/d)	医疗废物专用灭菌器	套	1	YFM-A1-4.7	应急设备,留用
	自动化控制系统	套	1	YFM-A1-4.7	应急设备,留用
	灭菌车	辆	10	YFM-0.58-D	应急设备,留用
	灭菌车输送系统	套	1	——	留用
1#破碎系统	卸料提升机	套	1	SL-2	留用
	破碎机	套	1	PS-1000	留用
	输送机	台	1	DT650	留用
2#破碎系统	卸料提升机	台	1	——	应急设备、留用
	破碎机	台	1	PS-1000	应急设备、留用
	输送机	台	1	DY800, $L=6600$ cm	应急设备、留用
废气处理单元	活性炭吸附处理系统	套	4	配风机最大风量7419 m³/h	留用
污水处理单元	污水提升泵	台	2	QW6-12.5-0.75	留用
	污泥泵	台	2	QW6-12.5-0.75	留用
	计量泵	台	2	6 L/h	留用
	加药箱	个	2	MC-100L	留用
	二氧化氯发生器	台	1	HSD-50	留用
	原料罐	个	1	Φ280 mm×1200 mm	
	盐酸储罐	个	1	0.05 m³	留用
蒸汽供应系统	蒸汽锅炉	套	1	WNS0.5-0.7-Y(Q)	留用
	软水制备系统	套	1	全自动钠离子交换器, 1.5 t/h	留用
冷库	风冷机组	套	1	MT-100	留用
	冷风机	台	2	DD-60	留用
	配电柜	台	1	全自动	留用

续表

生产单元	设备名称	单位	数量	型号	备注
冷却循环水系统	冷却水循环泵	台	1	ISG40-160A	留用
	循环水箱	台	1	4T	留用
		台	1	4T	应急设备,留用
	冷却塔	台	1	DBNL3-12	留用
		台	1	DBNL3-20	应急设备,留用
清洗单元	周转箱消毒自动清洗机	台	1	—	留用
	灭菌车清洗提升机	套	1	—	留用
	高压水枪	个	2	—	留用
其他	空气压缩机	台	1	V-0.36/7	留用
		台	1	V-0.36/7	应急设备,留用
	地磅	套	1	SCT-15	留用

② 主要原辅材料年耗量

现有工程主要原辅材料年耗量见表1.5。

表 1.5　现有工程主要原辅材料年耗量一览表

原辅材料名称	年耗量	储存位置	最大储存量	
氯酸钠	0.73 t/a	办公楼	25 kg/袋×9 袋	0.225 t
84 消毒液	0.73 t/a	办公楼	500 mL/瓶×40 瓶	20 L
活性炭	0.5 t/a	办公楼	25 kg/袋×2 袋	0.05 t
氯酸钠溶液	1.46 t/a	加氯间	50 kg/桶×1 桶	0.05 t
盐酸(31%)	1.46 t/a	加氯间	50 kg/桶×1 桶	0.05 t
天然气	$5.10×10^4$ m³/a	不在厂区储存	—	—
水	4420.00 t/a	清水池	—	150 m³

3．扩建工程情况

（1）扩建工程基本情况

项目名称:重庆某医疗废物处理中心扩建项目。

建设单位:重庆市某医疗废物处理中心。

工程性质:扩建。

建设地点:某区某工业园区,重庆市某医疗废物处理中心现有厂区内(现有工程占地 4423 m²)。

工程投资:项目总投资 80 万元。

服务年限:10 年。

工程内容及规模:将现有处置能力为 5 t/d 的 2♯医疗废物处置线(原应急处理系统)扩

建为总处置能力达到 10 t/d 的医疗废物处理系统,新增收集处置非特性行业产生的医疗废物约 40 t/a。

医疗废物收集、处置类别:收集、处置感染性、损伤性医疗废物和非特性行业产生的医疗废物;不收集、不处置《医疗废物分类目录》中的病理性、化学性、药物性废物,含汞和挥发性有机物含量较高的医疗废物及可重复使用的医疗器械。

劳动定员:扩建工程不新增劳动定员(现有工程全厂定员 30 人,其中常住厂内人员 16 人)。

工作制度:年工作日为 345 d,每天 2 班,每班工作时间为 8 h。

(2)扩建项目组成

本次扩建工程项目组成见表 1.6。

表 1.6 扩建工程项目组成一览表

项目	项目名称		工 程 内 容	备注
主体工程	接收贮存系统	运输系统	配置周转箱 805 个;组建专业车队,公路运输,配备 6 辆 1.5 t 医疗废物转运车,配备 1 辆 12.6 t 医疗残渣转运车;根据医疗废物产生情况,适时增加配置 2 辆 1.5 t 医疗废物转运车及周转箱 400 个	利旧+新增
		接收计量系统	配地磅、电子秤和微电脑等电子剂量数据处理系统	利旧
		冷库	建有冷库 1 间,布置于医疗废物处理车间内,规格为 9.90 m×4.20 m×3.60 m	利旧
	医疗废物处理车间		1 座,规格为 36.9 m×13.8 m×7.2 m,内置医疗废物处置能力均为 5 t/d 的高温蒸汽灭菌处理系统 2 套;医疗残渣破碎系统 2 套(处置能力均为 1 t/h)。另设置有冷库、周转箱清洗和消毒间、更衣室、休息室等	厂房利旧,现有应急系统变更为扩建工程运行设备
配套工程	锅炉房		1 间,规格为 7.5 m×4.8 m×6.1 m,配 0.5 t/h 的燃气蒸汽锅炉 1 台,配 1 台全自动软化水设备,软水制备能力为 1.5 t/h,作为高温蒸汽灭菌处理系统的蒸汽供应系统	利旧
	周转箱清洗和消毒间		1 间,规格为 13.8 m×6.0 m×7.2 m,用于周转箱消毒和存放,周转箱消毒清洗能力为 60~70 个/h	利旧
	废物转移间		1 间,布置在医疗废物处理车间内,用于医疗残渣转运车装载待外运的医疗残渣	利旧
	休息室		1 间,布置在医疗废物处理车间内	利旧
	更衣室		1 间,布置在医疗废物处理车间内	利旧
	化验室		1 间,布置在医疗废物处理车间内	利旧

续表

项目	项目名称		工 程 内 容	备注
	停车场		160 m²,布置在项目危险废物暂存间旁	利旧
	门卫		1 间,布置在项目入口处	利旧
生产管理与生活服务设施			建综合楼 1 栋,348 m²,宿舍、办公、会议等用房,未建食堂	利旧
环保工程	废气处理系统	1♯活性炭吸附处理系统	1♯高温蒸汽灭菌设备抽真空废气经设备自带的高精度膜生物过滤器处理后,再经废气收集管引至高温蒸汽灭菌设备卸料口处设置的集气罩内侧,同 1♯高温蒸汽灭菌设备卸料口废气一起,经集气罩收集,进入 1♯活性炭吸附处理系统处理,处理达标的废气经 1 根 15 m 高的排气筒(1)排放	利旧
		2♯活性炭吸附处理系统	冷库废气经排风管道送入 2♯活性炭吸附处理系统处理,1♯破碎机废气经集气罩收集后,进入 2♯活性炭吸附处理系统处理。处理达标的冷库废气和 1♯破碎机废气经 1 根 15 m 高的排气筒(2)排放	利旧
		3♯活性炭吸附处理系统	2♯高温蒸汽灭菌设备抽真空废气经设备自带的高精度膜生物过滤器处理后,经废气收集管引至高温蒸汽灭菌设备卸料口处设置的集气罩内侧,同 2♯高温蒸汽灭菌设备卸料口废气一起,经集气罩收集,进入 3♯活性炭吸附处理系统处理,处理达标的废气经 1 根 15 m 高的排气筒(3)排放	利旧
		4♯活性炭吸附处理系统	2♯破碎机废气经集气罩收集后,进入 4♯活性炭吸附处理系统处理。处理达标的废气经 1 根 15 m 高的排气筒(4)排放。装置配置风机最大允许风量均为 7419 m³/h	利旧
		锅炉废气排放系统	燃气锅炉废气经 1 根约 8 m 高的排气筒(5)排放	利旧
	污废水处理	污废水处理站	建化粪池和废水处理站各 1 座,其中废水处理站含消毒池、沉淀池、污泥池等,处理能力为 20 m³/d	利旧
		加药间	1 间,污废水处理站配套设施,内置 1 台二氧化氯发生器,有效氯发生量为 300 g/h,含氯酸钠化料器(0.5 kW)、原料罐(Φ280 mm×1200 mm)、盐酸储罐	利旧
	危险废物暂存间		1 间,约 80 m²,布置在停车场旁,用于暂存废滤芯、废活性炭、废水处理站污泥等危险废物	利旧

续表

项目	项目名称		工　程　内　容	备注
	环境风险		厂区设置 1 个 230 m³ 的调节池,可兼事故池	利旧
			对二氧化氯制备间地坪进行了防渗处理,并在二氧化氯制备区(含原料罐和盐酸储罐)建有围堰,加氯间设置边沟 45 m 与调节池连通	利旧
公用工程	供水		来自市政供水系统,项目综合楼旁设置 1 个 150 m³ 的清水池	利旧
	供电		由某区供电公司 10 kV 电源引入,建有配电室 1 间	利旧
	排水	污废水	初期雨水、生产废水和生活污水在厂内经过消毒处理后应符合《医疗机构水污染物排放标准》(GB 18466—2005)中其他医疗机构水污染物预处理标准的要求;拟建项目生产废水经厂区内污水处理站预处理后与经化粪池收集处理后的生活污水及满足《污水排入城镇下水道水质标准》(GB/T 31962—2015)的含氨氮废水一起通过园区污水管网进入某污水处理厂进一步处理,达到《城镇污水处理厂污染物排放标准》(GB 18918—2002)一级 A 标准后排入长江	本次扩建改变处理后的废水排放方式,改为进入某区某污水处理厂处理
		雨水	厂区四周设置雨水排水沟,初期雨水收集至废水处理站处理后排放	利旧

(3) 扩建工程主要设施设备及原辅材料

① 扩建工程主要设施设备

本次扩建工程主要设施设备见表 1.7。

表 1.7　扩建工程主要设施设备一览表

生产单元	设备名称	单位	数量	型号	备注
收运系统	周转箱	个	805	600 mm×500 mm ×360 mm	利旧
		个	400	600 mm×500 mm ×360 mm	新增
	医疗废物转运车	辆	6	厢式货车;载重 1.5 t	利旧
		辆	2	厢式货车;载重 1.5 t	新增
	医疗残渣转运车	辆	1	厢式货车;载重 12.6 t	利旧

生产单元	设备名称	单位	数量	型号	备注
1#高温蒸汽灭菌处理系统(处置能力为5 t/d、16 h/d)	自动上料机	套	1	SL-1	利旧
	灭菌小车	辆	10	0.58 m³/辆	利旧
	医疗废物专用灭菌器	套	1	YFM-A-360	利旧
	灭菌车输送系统	套	1	—	留用
	控制系统	套	1	YFM-A-360	利旧
	废液处理单元	套	1	YFM-A-360	利旧
2#高温蒸汽灭菌处理系统(处置能力为5 t/d、16 h/d)	医疗废物专用灭菌器	套	1	YFM-A1-4.7	应急设备变更为日常运行设备
	自动化控制系统	套	1	YFM-A1-4.7	应急设备变更为日常运行设备
	废水、废气处理单元	套	1	YFM-A1-4.7	应急设备变更为日常运行设备
	灭菌车	辆	10	YFM-0.58-D	应急设备变更为日常运行设备
	灭菌车输送系统	套	1	—	留用
1#破碎系统	卸料提升机	套	1	SL-2	利旧
	破碎机	套	1	PS-1000	利旧
2#破碎系统	卸料提升机	台	1	—	应急设备变更为日常运行设备
	破碎机	台	1	PS-1000	应急设备变更为日常运行设备
	输送机	台	1	DY800, $L = 6600$ cm	应急设备变更为日常运行设备
废气处理单元	活性炭吸附处理系统	套	4	配风机最大风量 7419 m³/h	利旧
污水处理单元	污水提升泵	台	2	QW6-12.5-0.75	利旧
	污泥泵	台	2	QW6-12.5-0.75	利旧
	计量泵	台	2	6 L/h	利旧
	加药箱	个	2	MC-100L	利旧

续表

生产单元	设备名称	单位	数量	型号	备注
污水处理单元	二氧化氯发生器	台	1	HSD-50	利旧
	原料罐	个	1	Φ280 mm×1200 mm	利旧
	盐酸储罐	个	1	0.05 m³	利旧
蒸汽供应系统	蒸汽锅炉	套	1	WNS0.5-0.7-Y(Q)	利旧
	软水制备系统	套	1	全自动钠离子交换器，1.5 t/h	利旧
冷库	风冷机组	套	1	MT-100	利旧
	冷风机	台	2	DD-60	利旧
	配电柜	台	1	全自动	利旧
冷却循环水系统	冷却水循环泵	台	1	ISG40-160A	利旧
	循环水箱	台	1	4T	利旧
		台	1	4T	应急设备变更为日常运行设备
	冷却塔	台	1	DBNL3-12	利旧
		台	1	DBNL3-20	应急设备变更为日常运行设备
清洗单元	周转箱消毒自动清洗机	台	1	—	利旧
	灭菌车清洗提升机	套	1	—	利旧
	高压水枪	个	2	—	利旧
其他	空气压缩机	台	1	V-0.36/7	利旧
		台	1	V-0.36/7	应急设备变更为日常运行设备
	地磅	套	1	SCT-15	利旧

② 扩建工程主要原辅材料年耗量情况

扩建后项目主要原辅材料年耗量情况见表 1.8。

表 1.8　扩建后工程主要原辅材料年耗量一览表

原辅材料名称	年耗量	储存位置	最大储存量		形态
氯酸钠	1.46 t/a	办公楼	25 kg/袋×9 袋	0.225 t	固态
84 消毒液	1.46 t/a	办公楼	500 mL/瓶×40 瓶	20 L	液态

续表

原辅材料名称	年耗量	储存位置	最大储存量		形态
活性炭	1.00 t/a	办公楼	25 kg/袋×2 袋	0.05 t	固态
氯酸钠溶液	2.92 t/a	加氯间	50 kg/桶×1 桶	0.05 t	液态
盐酸(31%)	2.92 t/a	加氯间	50 kg/桶×1 桶	0.05 t	液态
天然气	10.20×10⁴ m³/a	不在厂区储存	—	—	气态
水	7480.00 t/a	清水池	—	150 m³	液态

（4）扩建工程污染源排放情况

① 大气污染预测

项目各污染源排放参数情况见表 1.9 和表 1.10。

表 1.9　点源参数表(有组织)

编　号		1	2	3	4	5
名　称		1 ♯ 高温蒸汽灭菌设备抽真空及卸料废气	冷库及 1 ♯ 破碎废气	2 ♯ 高温蒸汽灭菌设备抽真空及卸料废气	2 ♯ 破碎废气	蒸汽锅炉废气
排气筒底部UTM 坐标/m	X	7284×	7284×＋2	7284×＋4	7284×＋6	7284×＋8
	Y	32852×	32852×＋3	32852×＋6	32852×＋9	32852×＋10
排气筒底部海拔高度/m		5×	5×	5×	5×	5×
排气筒高度/m		15	15	15	15	8
排气筒出口内径/m		0.25	0.25	0.25	0.25	0.15
烟气流速/(m/s)		12.74	18.12	12.74	11.32	3.87
烟气温度/℃		25	25	25	25	88
年排放小时数/h		2833	8160	2833	2380	4760
排放工况		正常	正常	正常	正常	正常
污染物排放速率/(kg/h)	非甲烷总烃	0.030	0.023	0.030	0.028	—
	氨	0.0027	0.0009	0.0027	0.0085	—
	硫化氢	$1.52×10^{-5}$	$3.50×10^{-6}$	$1.52×10^{-5}$	$4.39×10^{-5}$	—
	颗粒物	—	0.100	—	0.100	0.005
	SO_2	—	—	—	—	0.006
	NO_x	—	—	—	—	0.037

表 1.10　面源参数表(无组织)

编　号		1#
名　称		高温蒸煮灭菌间、破碎间、废水处理站等
面源起点坐标/m	X	7284×
	Y	32852×
面源海拔高度/m		5×
面源长度/m		90
面源宽度/m		15
与正北方向夹角/°		0
面源有效排放高度/m		2
年排放小时数/h		8160
排放工况		正常
污染物排放量 /(kg/h)	颗粒物	0.036
	非甲烷总烃	0.050
	硫化氢	0.004
	氨	$1.33×10^{-5}$

本项目估算模式参数见表 1.11。

表 1.11　估算模式参数表

参　　数		取值
城市/农村选项	城市/农村	城市
	人口数(城市选项时)/万人	116
最高环境温度/℃		42.2
最低环境温度/℃		−2.7
土地利用类型		城市
区域湿度条件		湿
是否考虑地形	考虑地形	■是　□否
	地形数据分辨率/m	90
是否考虑岸线熏烟	考虑岸线熏烟	否
	岸线距离/km	—
	岸线方向/°	—

根据《环境影响评价技术导则　大气环境》(HJ 2.2—2018),采用其推荐的估算模式 AERSCREEN 进行评价等级和评价范围的确定,主要污染源估算模式计算结果详见表 1.12。

表 1.12　主要污染源估算模式计算结果表

污染物		非甲烷总烃	氨	硫化氢	颗粒物	SO₂	NOₓ
有组织(1)	预测质量浓度 /(μg/m³)	3.643	0.05	0.001	—	—	—
有组织(2)	预测质量浓度 /(μg/m³)	4.959	0.04	0.0001	9.918	—	—
有组织(3)	预测质量浓度 /(μg/m³)	3.643	0.05	0.001	—	—	—
有组织(4)	预测质量浓度 /(μg/m³)	3.441	0.04	0.0001	12.289	—	—
有组织(5)	预测质量浓度 /(μg/m³)	—	—	—	2.137	2.565	15.816
无组织	预测质量浓度 /(μg/m³)	1.014	0.41	0.001	0.203		

② 地表水排污情况

根据《医疗废物高温蒸汽消毒集中处理工程技术规范》(HJ 276—2021)排水要求,拟建工程厂区清洗、消毒产生的废水,初期雨水和生活污水在厂内经过消毒处理后应符合《医疗机构水污染物排放标准》(GB 18466—2005)中其他医疗机构水污染物预处理标准的要求;拟建项目生产废水经厂区内污水处理站预处理后与经化粪池收集处理后的生活污水及满足《污水排入城镇下水道水质标准》(GB/T 31962—2015)的含氨氮废水一起通过园区污水管网进入某污水处理厂进一步处理,达到《城镇污水处理厂污染物排放标准》(GB 18918—2002)一级 A 标准后排入长江。同时,项目厂址距离周边地表水体较远(距离最近地表水体长江约 2.5 km)。

1.2　建设项目周围环境概况

1.2.1　周围环境概况

项目位于某区某工业园区,东北侧约 50 m 处为某区生活垃圾处置场,评价范围内未发现珍稀野生动植物等,亦无自然保护区、风景名胜区、名胜古迹、饮用水水源保护区等特殊环境敏感保护目标。北侧约 70 m 处沿乡村道路分布的散住居民(距离废气污染源约 105 m)为距离项目最近的环境保护目标。

项目周围主要环境保护目标见表 1.13 和表 1.14。

表1.13　环境空气主要环境保护目标一览表

环境保护目标编号	环境保护目标名称	坐标/m		保护对象	环境功能区	相对厂址方位	相对厂界距离/m	与废气产生单元最近距离/m
		X	Y					
1#	散住居民	7284×	32853×	居民1户	二类	N	70	105
2#	散住居民	7283×	32853×	居民6户	二类	NW	100~200	130
3#	散住居民	7285×	32850×	居民5户	二类	SE	145~200	155
4#	某村	7279×	32849×	居民约60户	二类	W、SW、S、SE	210~500	215
		7280×	32842×	居民约150户	二类		515~900	515
		7282×	32842×	居民约300户	二类		1000~2500	1005
5#	某街道	7283×	32854×	居民约3户	二类	N	225~500	250
		7283×	32860×	居民约80户	二类	N、NW	570~1000	595
		7284×	32872×	居民约270户	二类	N、NW	1100~2500	1129
6#	运输路线沿线经过的街道、村庄及乡镇200 m范围内的居民、学校、医院等							

注:表中"废气产生单元"指项目医疗废物处理车间、废水处理站。

表1.14　地表水、地下水、声环境、环境风险保护目标一览表

编号	环境要素	环境保护对象	相对方位	相对厂界距离/m	特性、规模	环境保护要求
1#	地表水环境	长江	N	2500	Ⅲ类水域	《地表水环境质量标准》(GB 3838—2002)中Ⅲ类水域标准
Q1	地下水环境	泉点	NW	88	非饮用泉点	《地下水质量标准》(GB/T 14848—2017)Ⅲ类标准
Q2		泉点	NW	285	非饮用泉点	

续表

编号	环境要素	环境保护对象	相对方位	相对厂界距离/m	特性、规模	环境保护要求
1#	声环境	散住居民	N	70	居民 1 户	《声环境质量标准》(GB 3096—2008)2 类标准
2#		散住居民	NW	100~200	居民 6 户	
3#		散住居民	SE	145~200	居民 5 户	
1#	环境风险	散住居民	N	70	居民 1 户	环境风险可控
2#		散住居民	NW	100~200	居民 6 户	
3#		散住居民	SE	145~200	居民 5 户	
4#		某村	W、SW、S、SE	210~500	居民约 60 户	
				515~900	居民约 150 户	
				1000~2500	居民约 300 户	
5#		某街道	N	225~500	居民约 3 户	
			N、NW	570~1000	居民约 80 户	
			N、NW	1100~2500	居民约 270 户	
Q1		泉点	NW	88	非饮用泉点	
Q2		泉点	NW	285	非饮用泉点	
6#	运输路线沿线经过的街道、村庄及乡镇 200 m 范围内的居民、学校、医院等					

1.2.2　环境质量概况

参照某年(最好选择与案例使用学期最近的年份)《重庆市环境状况公报》及某区 1 个空气质量省控点全年各污染物日平均及 8 h 平均浓度,同时对项目西南侧最近居民点处环境空气中的硫化氢、氨、非甲烷总烃进行补充监测。

1. 基本污染物监测数据现状评价

根据《环境影响评价技术导则　大气环境》(HJ 2.2—2018),对各污染物年评价指标进行环境质量现状评价。年评价项目及统计方法见表 1.15。

表 1.15　年评价项目及统计方法

评价项目	统计方法
城市 SO_2、NO_2、PM_{10}、$PM_{2.5}$ 的年平均	按《环境空气质量评价技术规范(试行)》(HJ 663—2013)附录 A.6 计算一个日历年内城市日评价项目的相应百分位数浓度
城市 SO_2、NO_2 24 h 平均第 98 百分位数	
城市 PM_{10}、$PM_{2.5}$ 24 h 平均第 95 百年分位数	
城市 CO 24 h 平均第 95 百分位数	
城市 O_3 日最大 8 h 平均第 90 百分位数	

根据《重庆市环境状况公报》(某年)和空气质量国控监测点全年监测数据,基本污染物环境质量现状见表 1.16。

表 1.16　基本污染物环境质量现状

年评价指标	污染物	评价标准 /($\mu g/m^3$)	现状浓度 /($\mu g/m^3$)	最大浓度 占标率	超标倍数	达标情况
年平均质量浓度	SO_2	60	18	30.0%	0.00	达标
	NO_2	40	36	90.0%	0.00	达标
	PM_{10}	70	71	101.4%	0.014	不达标
	$PM_{2.5}$	35	37	105.7%	0.057	不达标
百分位数日平均	SO_2	150	34	22.7%	0.00	达标
	NO_2	80	55	68.8%	0.00	达标
	PM_{10}	150	200	133.3%	0.33	不达标
	$PM_{2.5}$	75	155	206.7%	1.07	不达标
	CO	4.0	1.4	35.0%	0.0	达标
百分位数日最 大 8 h 平均	O_3	160	128	80.0%	0.0	达标

注:根据《环境影响评价技术导则　大气环境》(HJ 2.2—2018)6.4.3.1 节,表中已对两个国控监测点取平均值,其中 CO 单位为 mg/m^3,其他均为 $\mu g/m^3$。

根据表 1.16 可知,项目所在区域 PM_{10}、$PM_{2.5}$ 已超过《环境空气质量标准》(GB 3095—2012)中的二级标准。根据《环境影响评价技术导则　大气环境》(HJ 2.2—2018)可知,城市环境空气质量达标情况评价指标为 SO_2、NO_2、PM_{10}、$PM_{2.5}$、CO 和 O_3,六项污染物全部达标即为城市环境空气质量达标,据此可以判定项目所在区域为不达标区。

根据《某区环境空气质量限期达标规划(2018—2030)》,该区将通过淘汰燃煤锅炉、燃煤锅炉企业清洁化改造、火电机组减排、企业环保搬迁、砖瓦和水泥企业错峰生产、交通源减排、农业源减排等措施,至 2030 年,减排的可吸入颗粒物(PM_{10})、细颗粒物($PM_{2.5}$)分别为 77.36 t、67.94 t,全区环境空气质量稳定,满足《环境空气质量标准》(GB 3095—2012)二级标准。

2. 其他污染物监测数据现状评价

根据《环境影响评价技术导则　大气环境》(HJ 2.2—2018)的要求,对项目所在区域氨、硫化氢、非甲烷总烃进行了补充监测,监测情况见表 1.17。

表 1.17　其他污染物环境质量现状

监测点位	污染因子	监测时段	评价标准	监测浓度范围 (1 h 平均)	最大浓度 占标率	超标率	达标情况
项目东南侧居民点处,距离本项目约 205 m	氨	某年某月 8—14 日,连续监测 7 d,每天采样 4 次(当地时间 02:00、08:00、14:00、20:00时)	200 $\mu g/m^3$	73.9～94.2 $\mu g/m^3$	47.10%	0	达标
	硫化氢		10 $\mu g/m^3$	1.86～3.26 $\mu g/m^3$	32.60%	0	达标
	非甲烷总烃		2.0 mg/m^3	0.33～0.39 mg/m^3	19.50%	0	达标

由表1.17可以看出,项目所在区域氨、硫化氢满足参照的《环境影响评价技术导则 大气环境》(HJ 2.2—2018)中附录D参考限值,非甲烷总烃满足参照的《环境空气质量非甲烷总烃限值》(DB 13/ 1577—2012)二级标准限值。

3. 地表水环境质量现状评价

项目废水在厂内预处理后,与经化粪池收集处理后的生活污水及满足《污水排入城镇下水道水质标准》(GB/T 31962—2015)的含氨氮废水一起,经某区某污水处理厂处理达标后排入长江。为了解拟建项目区域地表水环境质量现状,采用某污水处理厂排污口下游约9.0 km处的长江清溪场断面(地表水例行监测国控断面,由某区环境监测站提供)的监测结果进行分析,见表1.18。

表1.18 长江清溪场断面监测数据统计及评价结果表

指标	监测时间	评价方法(标准指数法)	监测浓度范围	标准限值(Ⅲ类)	占标率范围	超标率
pH(无量纲)	某年某月	$pH_j \leqslant 7.0$, $s_{pH,j} = \dfrac{7.0 - pH_j}{7.0 - pH_{sd}}$ $pH_j > 7.0$, $s_{pH,j} = \dfrac{pH_j - 7.0}{pH_{sd} - 7.0}$	7.73～7.78	6～9	0.37～0.39	0
COD/(mg/L)		$S_{i,j} = C_{i,j}/C_{si}$	8.00～9.00	≤20	0.40～0.45	0
BOD$_5$/(mg/L)			0.9～1.1	≤4	0.23～0.28	0
氨氮/(mg/L)			0.18～0.2	≤1.0	0.18～0.20	0
石油类/(mg/L)			0.005	≤0.05	0.1	0
汞/(mg/L)			0.00002	≤0.0001	0.2	0
六价铬/(mg/L)			0.002	≤0.05	0.04	0
粪大肠菌群/(个/L)			2300～4900	≤10000	0.23～0.49	0

从表1.18可以看出,长江清溪场监测断面各现状评价因子均满足《地表水环境质量标准》(GB 3838—2002)的Ⅲ类水域标准,水质较好。

4. 地下水环境质量现状评价

监测结果表明,除菌落总数外,其他监测因子均满足《地下水质量标准》(GB/T 14848—2017)Ⅲ类标准的要求。

5. 土壤环境质量现状评价

根据监测结果,厂区周围各监测点土壤中各监测因子均满足《土壤环境质量 建设用地土壤污染风险管控标准(试行)》(GB 36600—2018)中建设用地土壤污染管控标准第二类用地筛选值。

6. 声环境质量现状评价

噪声现状监测结果见表1.19。

表 1.19　噪声现状监测结果

单位:dB(A)

监测点	昼间监测值范围	达标情况	夜间监测值范围	达标情况
N1	52.4～56.9		41.2～43.2	
N2	51.4～53.7	达标	41.1～42.3	达标
N3	53.6～54.6		40.6～44.1	
标准值(2类)	60	—	50	—

从表 1.19 可知,各监测点的昼、夜间噪声值均满足《声环境质量标准》(GB 3096—2008)中的 2 类标准,项目区声环境质量现状良好。

思考题及参考答案

思考题

1. 如何根据项目相关资料确定环境影响评价文件类型?
2. 请根据项目相关资料确定环境影响评价中应关注的主要环境问题及环境影响。
3. 请列出本项目的主要评价工作过程。
4. 请根据项目相关资料判断该项目各环境影响要素的评价工作等级、评价范围。
5. 请根据项目相关资料进行相关政策符合性分析。
6. 请根据《重庆某区感染性医疗废物和损伤性医疗废物收集处置情况统计表》(表 1.1)判断该扩建项目服务年限内是否能够满足某区医疗废物处置需求。

参考答案

1. 根据《中华人民共和国环境保护法》《中华人民共和国环境影响评价法》《建设项目环境保护管理条例》等相关法律法规及《建设项目环境影响评价分类管理名录》(2021 年版)的有关规定,拟建项目属于"四十七　生态保护与环境治理业"中"102.医疗废物处置、病死及病害动物无害化处理",应编制环境影响报告书,具体见表 1.20(本题答案应注意依据文件的更新适时进行调整,尤其是《建设项目环境影响评价分类管理名录》的更新)。

表 1.20　项目环境影响评价类别判断

项目类别		环评类别		
一级	二级	报告书	报告表	登记表
四十七　生态保护与环境治理业	102.医疗废物处置、病死及病害动物无害化处理	医疗废物集中处置(单纯收集、贮存的除外)	其他	—

2. 根据项目相关资料,拟建项目应关注的主要环境问题及环境影响如下:

（1）主要环境问题

本项目不涉及特殊环境保护目标,根据项目建设特点,结合区域环境质量现状,本次评价主要关注项目医疗废物的收集、暂存、处置的管理措施及环境风险管控情况,关注项目实施对环境的影响程度,并结合上述内容,得出项目环境可行的结论。

（2）主要环境影响

施工期对环境的影响如下:施工废水、施工人员生活污水、运输车辆及施工机器的尾气、施工场地的二次扬尘、施工机械噪声、施工人员生活垃圾等对地表水环境、环境空气、声环境、固体废物等造成的影响;土石方开挖、场地平整对水土流失和局部生态环境造成的影响。

运营期主要的环境影响如下:医疗废物进卸料、贮存、破碎阶段抽真空废气、蒸汽设备废气等对环境空气的影响;车辆、周转箱、地面清洗产生的废水,高温蒸汽冷凝、灭菌完成后产生的废水以及生活污水对地表水环境的影响;项目产生的废水在防渗措施没做好及突发环境风险事故下进入地下水对地下水环境的影响;高温蒸汽处理设备、水泵、风机、空压机、破碎机、运输车辆等设备噪声对声环境的影响;医疗废物高温蒸煮处理后的废渣、废气处理装置废物、厂区污水处理站污泥及生活垃圾等构成主要的固体废物影响。

3. 本项目的主要评价工作过程如下:

（1）根据国家和地方有关环境保护的法律法规、政策、标准及相关规划等确定拟建项目环境影响评价文件类型。

（2）收集与研究项目相关技术文件和其他相关文件,进行初步工程分析,明确拟建项目的工程组成,根据工艺流程确定产排污环节和主要污染物,同时对拟建项目环境影响区域环境质量现状进行初步调查。

（3）结合初步工程分析结果和环境质量现状资料,识别拟建项目的环境影响因素,筛选主要的环境影响评价因子,明确评价重点,确定评价工作等级、评价范围及评价标准。

（4）制定工作方案。在进行充分的环境质量现状调查、监测的基础上开展环境质量现状评价,并进行进一步的工程分析,根据工程分析确定的污染源强以及项目区域环境特征,采用模式计算和类比调查的方式预测、分析或评价项目建设对环境的影响范围以及引起的环境质量变化情况,从环境保护角度分析论证拟建项目建设的可行性。

（5）建设单位据国家和地方环保规范要求开展公众参与调查活动,环评单位分析公众提出的意见或建议;对于拟建项目建设可能引起的环境污染与局部生态环境破坏,通过对拟建工程环保设施的技术经济合理性、达标水平的可靠性分析,提出进一步减缓污染的对策建议。

（6）在对拟建项目实施后可能造成的环境影响进行分析、预测的基础上,提出预防或者减轻不良环境影响的对策和措施,从环境保护的角度提出项目建设的可行性结论,完成环境影响报告书编制。

4. 根据项目相关资料判断该项目各环境影响要素的评价工作等级、评价范围情况如下:

（1）评价工作等级

① 环境空气

根据《环境影响评价技术导则 大气环境》（HJ 2.2—2018）,环境空气评价等级按污染物的最大地面浓度占标率 P_i 确定。最大地面浓度占标率 P_i 定义如下:

$$P_i = C_i / C_{0i} \times 100\%$$

式中，P_i 为第 i 个污染物的最大地面浓度占标率，%；C_i 为采用估算模式计算出的第 i 个污染物的最大 1 h 地面空气质量浓度，$\mu g/m^3$；C_{0i} 为第 i 个污染物的环境空气质量浓度标准，$\mu g/m^3$。

由案例资料中介绍的大气污染源排放情况部分主要污染源估算模式计算结果表 1.12，结合评价标准（表 1.21）计算得到各污染物的最大地面浓度占标率 P_i（表 1.22），然后根据各污染物的最大地面浓度占标率 P_i 以及评价工作等级判据表 1.23 来确定本次项目环境空气评价等级。

a. 评价标准见表 1.21。

表 1.21　评价因子和评价标准表

评价因子	平均时段	标准值（$\mu g/m^3$）	标准来源
颗粒物（粒径小于等于 10 μm)	1 h 平均	450	《环境空气质量标准》（GB 3095—2012）
SO$_2$	1 h 平均	500	
NO$_x$	1 h 平均	250	
非甲烷总烃	1 h 平均	2000	《环境空气质量标准　非甲烷总烃》（DB 13/ 1577—2012）
氨	1 h 平均	200	《环境影响评价技术导则　大气环境》（HJ 2.2—2018）附录 D 参考限值
硫化氢	1 h 平均	10	

注：颗粒物（粒径小于等于 10 μm)1 h 平均值以 24 h 平均浓度限值的 3 倍核算。

b. 主要污染源各污染物的最大地面浓度占标率 P_i 计算结果见表 1.22。

表 1.22　主要污染源估算模式计算结果表

	污染物	非甲烷总烃	氨	硫化氢	颗粒物	SO$_2$	NO$_x$
有组织(1)	预测质量浓度 /($\mu g/m^3$)	3.643	0.05	0.001	—	—	—
	占标率	0.18%	0.03%	0.01%	—	—	—
有组织(2)	预测质量浓度 /($\mu g/m^3$)	4.959	0.04	0.0001	9.918	—	—
	占标率	0.25%	0.02%	0.001%	2.20%	—	—
有组织(3)	预测质量浓度 /($\mu g/m^3$)	3.643	0.05	0.001	—	—	—
	占标率	0.18%	0.03%	0.01%	—	—	—
有组织(4)	预测质量浓度 /($\mu g/m^3$)	3.441	0.04	0.0001	12.289	—	—
	占标率	0.17%	0.02%	0.001%	2.73%	—	—

续表

污染物		非甲烷总烃	氨	硫化氢	颗粒物	SO$_2$	NO$_x$
有组织(5)	预测质量浓度 /($\mu g/m^3$)	—	—	—	2.137	2.565	15.816
	占标率	—	—	—	0.47%	0.51%	6.33%
无组织	预测质量浓度 /($\mu g/m^3$)	1.014	0.41	0.001	0.203	—	—
	占标率	0.05%	0.21%	0.01%	0.05%	—	—

c.《环境影响评价技术导则　大气环境》(HJ 2.3—2018)评价工作等级判据见表1.23。

表1.23　评价工作等级判据表

评价工作等级	评价工作分级判据
一级	$P_{max} \geqslant 10\%$
二级	$1\% \leqslant P_{max} \leqslant 10\%$
三级	$P_{max} < 1\%$

由表1.22的估算结果,结合评价工作等级判据表1.23可知,本项目 $P_{max} = 6.33\%$, $1\% \leqslant P_{max} < 10\%$。因此,本次项目环境空气评价等级为二级。

② 地表水环境

根据《医疗废物高温蒸汽消毒集中处理工程技术规范》(HJ 276—2021)排水要求,拟建工程厂区清洗、消毒产生的废水,初期雨水和生活污水在厂内经过消毒处理后应符合《医疗机构水污染物排放标准》(GB 18466—2005)中其他医疗机构水污染物预处理标准的要求;拟建项目生产废水经厂区内污水处理站预处理后与经化粪池收集处理后的生活污水及满足《污水排入城镇下水道水质标准》(GB/T 31962—2015)的含氨氮废水一起通过园区污水管网进入某污水处理厂进一步处理,达到《城镇污水处理厂污染物排放标准》(GB 18918—2002)一级A标准后排入长江。项目废水属于"间接排放",根据《环境影响评价技术导则　地表水环境》(HJ 2.3—2018),本项目地表水环境评价等级为三级B。

③ 地下水环境

根据《环境影响评价技术导则　地下水环境》(HJ 610—2016),拟建项目行业类别为"151、危险废物(含医疗废物)集中处置及综合利用",为Ⅰ类项目。因本项目位于某区某工业园区,园区内及周边居民已实现自来水供水,项目区内无城镇集中的大、中型供水水源地和水源保护区,地下水未利用,无居民将井泉作为饮用水水源。因此,本项目评价区域地下水环境敏感程度为"不敏感"。

根据《环境影响评价技术导则　地下水环境》(HJ 610—2016)中建设项目评价工作等级分级(表1.24),拟建项目地下水环境影响评价等级为二级。

表 1.24　项目地下水评价工作等级分级表

环境敏感程度	Ⅰ类项目	Ⅱ类项目	Ⅲ类项目
敏感	一	一	二
较敏感	一	二	三
不敏感	二	三	三

④ 声环境

项目所在区域属于《声环境质量标准》(GB 3096—2008)中的 2 类声功能区,同时本工程的实施不会造成厂界外噪声级的增加,且项目声环境影响评价范围内无声环境保护目标,按照《环境影响评价技术导则　声环境》(HJ 2.4—2021)要求,本项目声环境影响评价等级为二级。

⑤ 生态环境

拟建项目占地均为某区某工业园区工业用地,建设地点位于重庆市某医疗废物处理中心现有厂区内(现有工程占地 4423 m²),不新占用地,且现有工程占地远小于 2 km²,拟建项目所在区域不涉及自然保护区、风景名胜区、森林公园等生态敏感区,属一般区域,根据《环境影响评价技术导则　生态影响》(HJ 19—2022),拟建项目生态环境影响评价等级为三级。

⑥ 环境风险

根据《建设项目环境风险评价技术导则》(HJ 169—2018)中"表 B.1　突发环境事件风险物质及临界量",本项目涉及的环境风险物质为氯酸钠,临界量为 100 t。本项目氯酸钠最大暂存量为 0.225 t,计算得到 Q 值为 0.00225,小于 1,则项目环境风险潜势为"Ⅰ"(根据《建设项目环境风险评价技术导则》(HJ 169—2018)中"表 C.1　行业及生产工艺",项目 M 值为"5")。根据《建设项目环境风险评价技术导则》(HJ 169—2018),环境风险评价工作等级判据为表 1.25。

表 1.25　环境风险评价工作等级判据表

环境风险潜势	Ⅳ、Ⅳ⁺	Ⅲ	Ⅱ	Ⅰ
评价工作等级	一	二	三	简单分析[a]

注:[a] 是相对于详细评价工作内容而言,在描述危险物质、环境影响途径、环境危害后果、风险防范措施等方面给出定性的说明。

由表 1.25 可知,本项目环境风险评价工作等级属于《建设项目环境风险评价技术导则》(HJ 169—2018)中简单分析等级。

⑦ 土壤环境

根据《环境影响评价技术导则　土壤环境(试行)》(HJ 964—2018),本项目属医疗废物处置项目,属导则附录 A 中"环境和公共设施管理业"中"危险废物利用及处置",土壤环境影响评价项目类别为Ⅰ类。本项目为污染影响型项目,拟建项目占地均为某工业园区工业用地,建设地点位于重庆市某医疗废物处理中心现有厂区内,不新占用地,现有占地面积 4423 m²(折算为 0.004 423 km² = 0.442 3 hm²),规模为小型,周边敏感程度为不敏感,根据污染影响型评价工作等级划分表(表 1.26),本项目土壤环境影响评价等级为二级。

表 1.26　污染影响型评价工作等级划分表

敏感程度	Ⅰ类			Ⅱ类			Ⅲ类		
	大	中	小	大	中	小	大	中	小
敏感	一级	一级	一级	二级	二级	二级	三级	三级	三级
较敏感	一级	一级	二级	二级	二级	三级	三级	三级	—
不敏感	一级	二级	二级	二级	三级	三级	三级	—	—

注："—"表示可不开展土壤环境影响评价工作。

⑧ 污染影响型

a. 将建设项目占地规模分为大型(≥50 hm²)、中型(5～50 hm²)、小型(≤5 hm²),建设项目占地主要为永久占地(1 hm² = 10000 m²)。

b. 建设项目所在地周边的土壤环境敏感程度分为敏感、较敏感、不敏感,判别依据见表 1.27。

表 1.27　污染影响型敏感程度分级表

敏感程度	判　别　依　据
敏感	建设项目周边存在耕地、园地、牧草地、饮用水水源地或居民区、学校、医院、疗养院、养老院等土壤环境敏感目标的
较敏感	建设项目周边存在其他土壤环境敏感目标的
不敏感	其他情况

c. 根据土壤环境影响评价项目类别、占地规模与敏感程度划分评价工作等级,详见表 1.28。

(2) 评价范围

① 环境空气

根据《环境影响评价技术导则　大气环境》(HJ 2.2—2018),项目大气环境影响评价范围为以项目厂址为中心区域,自厂界外延 5 km 的矩形区域范围。

② 地表水

项目生产废水经厂区内污水处理站预处理后,与经化粪池收集处理后的生活污水及满足《污水排入城镇下水道水质标准》(GB/T 31962—2015)的含氨氮废水,一起通过园区污水管网进入某污水处理厂进一步处理,达到《城镇污水处理厂污染物排放标准》(GB 18918—2002)一级 A 标准后排入长江。同时,项目厂址距离周边地表水体较远(距离最近地表水体长江约 2.5 km),事故废水在进入长江前,即可得到控制,并收集处理,因此本次评价根据《环境影响评价技术导则　地表水环境》(HJ 2.3—2018)的要求,仅分析项目依托某污水处理厂的环境可行性,不需设置地表水评价范围。

③ 地下水

本次评价采用自定义法确定地下水评价范围。结合项目周边的地质条件、水文地质条件、地形地貌特征和地下水保护目标,本次评价确定的水文地质单元以项目场地西侧、北侧、南侧分水岭及东侧乌江为界,根据《环境影响评价技术导则　地下水环境》(HJ 610—2016),评价范围约为 2.69 km²(此处数据应根据不同项目选址位置实地调查获取)。

④ 声环境

根据《环境影响评价技术导则　声环境》(HJ 2.4—2021),项目声环境影响评价范围为项目厂界外 200 m 范围。

⑤ 环境风险

以风险事故源为中心 5 km 范围内,简单评价重点关注周边 500 m。

⑥ 生态环境

以厂区厂界外 200 m 的范围作为生态环境影响评价范围。

5. 相关政策符合性分析如下:

(1) 产业结构的符合性分析

根据《产业结构调整指导目录(2019 年本)》"四十三、环境保护与资源节约综合利用"中"8、危险废物(医疗废物)及含重金属废物安全处置技术设备开发制造及处置中心建设及运营",工程为鼓励类项目,因此本项目建设符合国家的产业政策。

(2) 与《促进产业结构调整暂行规定》的符合性分析

项目将对医疗废物进行减量化、无害化处理,符合《促进产业结构调整暂行规定》中"第九条　大力发展循环经济,建设资源节约和环境友好型社会,实现经济增长与人口资源环境相协调"的有关规定。

(3) 与《关于进一步规范医疗废物管理工作的通知》(国卫办医发〔2017〕32 号)的符合性分析

根据《关于进一步规范医疗废物管理工作的通知》(国卫办医发〔2017〕32 号),"医疗废物集中处置单位应当依据《危险废物经营许可证管理办法》(国务院令第 408 号)依法申领危险废物经营许可证。""医疗废物集中处置单位应当按照《医疗废物管理条例》规定,采取有效的职业防护措施,配备数量充足的收集、转运周转设施和车辆,至少每两天到医疗卫生机构收集、运送一次医疗废物。收运、处置等行为应当符合《医疗废物集中处置技术规范》等相关法规、标准要求,使用有明显医疗废物标识的专用车辆,防止医疗废物丢失、泄漏。"重庆市某区某医疗废物处理中心目前已取得危险废物经营许可证,并编制有突发环境事件应急预案且取得相关备案文件,相关管理台账等记录完善,公司现拟根据《重庆市危险废物集中处置设施建设布局规划(2018—2022 年)》的要求实施扩建,项目的实施符合相关要求。

(4) 与《重庆市工业项目环境准入规定》(修订)(渝办发〔2012〕142 号)的符合性分析

《重庆市工业项目环境准入规定》(修订)(渝办发〔2012〕142 号)对全市工业项目环境准入实施统一监督管理,对环境准入提出条件,项目与该准入条件的关系详见表 1.28。

(5) 与《重庆市发展和改革委员会关于印发重庆市产业投资准入工作手册的通知》(渝发改投〔2018〕541 号)的符合性分析

根据《重庆市发展和改革委员会关于印发重庆市产业投资准入工作手册的通知》(渝发改投〔2018〕541 号)中的"重庆市产业投资准入政策汇总表",本项目不属于该表中"不予准入"或"限制"类建设项目,项目的实施不与渝发改投〔2018〕541 号文的要求相冲突。

表 1.28 项目与《重庆市工业项目环境准入规定》(修订)的符合性分析

序号	准入条件	拟建项目情况	符合性结论
1	工业项目应符合产业政策,不得采用国家和本市淘汰的或禁止使用的工艺、技术和设备,不得建设生产工艺或污染防治技术不成熟的项目	项目不使用国家和本市淘汰的或禁止使用的工艺、技术和设备	满足要求
2	本市新建和改造的工业项目清洁生产水平不得低于国家清洁生产标准的国内基本水平。其中,"一小时经济圈"和国家级开发区内的,应达到国内先进水平	项目生产过程中"三废"产生量少,清洁生产水平达到国内先进水平	满足要求
3	工业项目选址应符合产业发展规划、城乡总体规划、土地利用规划等规划。新建有污染物排放的工业项目应进入工业园区或工业集中区	本项目属于扩建工程,选址符合规划要求	满足要求
4	在长江、嘉陵江主城区江段及其上游沿江河地区严格限制建设可能对饮用水水源带来安全隐患的化工、造纸、印染及排放有毒有害物质和重金属的工业项目	项目为医疗废物处置企业,不排放有毒有害物质和重金属工业项目	满足要求
5	在主城区禁止新建、改建、技改以煤、重油为燃料的工业项目;在合川区、渝北区、长寿区、璧山区等地区严格限制新建、技改可能对主城区大气产生影响的燃用煤、重油等高污染燃料的工业项目	拟建项目位于某区,不在此限定区县内,且不使用燃用煤、重油等高污染燃料	满足要求
6	工业项目选址区域应有相应的环境容量,新增主要污染物排放量的工业项目必须取得排污指标,不得影响污染物总量减排计划的完成。未按要求完成污染物总量削减任务的企业、流域和区域,不得建设新增相应污染物排放量的工业项目	项目无重大环境风险源,拟新增的医疗废物处置设施污染物排放量少	满足要求
7	新建、改建、技改工业项目所在地大气、水环境主要污染物现状浓度占标准值90%～100%的,项目所在地应按该项目新增污染物排放量的1.5倍削减现有污染物排放量	根据项目所在区域环境质量现状评价结论,长江清溪场断面现状评价因子占标率均小于90%,区域环境空气中NO_2、PM_{10}、$PM_{2.5}$现状浓度占标率超过90%。本项目扩建工程颗粒物排放量为1.995 t/a,根据《某区环境空气质量达标规划(2018—2030)》中间成果,该区预计至2030年,减排的	满足要求

序号	准入条件	拟建项目情况	符合性结论
		可吸入颗粒物（PM_{10}）、细颗粒物（$PM_{2.5}$）分别为 77.36 t、67.94 t，超过本项目新增排放颗粒物的 1.5 倍	
8	新增重金属排放量的工业项目应落实污染物排放指标来源，确保国家重金属重点防控区域重金属排放总量按计划削减，其余区域的重金属排放总量不增加。优先保障市级重点项目的重金属污染物排放指标	本项目不涉及重金属污染	满足要求
9	禁止建设存在重大环境安全隐患的工业项目	本项目无重大环境安全隐患	满足要求
10	工业项目排放污染物必须达到国家和地方规定的污染物排放标准，资源环境绩效水平应达到本规定要求	项目污染物能够达标排放	满足要求

（6）与《重庆市环境保护条例》的符合性分析

根据《重庆市环境保护条例》（重庆市人民代表大会常务委员会 2022 年 9 月 28 日修订），"第五十二条　从事危险废物收集、贮存、利用、处置等经营活动，应当依法取得危险废物经营许可证，并按照危险废物经营许可证规定从事经营活动。禁止将危险废物提供给无危险废物经营许可证的单位收集、贮存、利用、处置。""第五十四条　转移危险废物，应当采取防泄漏、散溢、破损、腐蚀等措施，并遵守国家有关危险货物运输管理的规定。"重庆市某区某医疗废物处理中心目前已取得危险废物经营许可证，厂区内涉及的医疗废物暂存和处置以及废水收集处理点已按照相关要求采取了防渗措施，符合《重庆市环境保护条例》（重庆市人民代表大会常务委员会 2022 年 9 月 28 日修订）的有关要求。

（7）与《重庆市危险废物集中处置设施建设布局规划（2018—2022 年）》的符合性分析

根据《重庆市危险废物集中处置设施建设布局规划（2018—2022 年）》（以下简称《规划》），"积极推进主城区、涪陵区、江津区和开州区等 4 个区（片区）的医疗废物集中处置设施改建及扩建。"本项目是根据该《规划》要求实施的项目，项目目前正在办理前期相关手续，其建设符合《规划》的相关要求。

综上所述，拟建项目的建设符合国家及地方产业政策、行业发展规划及相关文件要求。

6. 首先根据表 1.1 计算重庆某区感染性医疗废物和损伤性医疗废物收集量平均年增长率，计算方法为临近两年的年增长率加和后除以总年数，即

重庆某区感染性医疗废物和损伤性医疗废物收集量平均年增长率为

$$\left(\frac{225.67-278.95}{278.95}+\frac{226.29-225.67}{225.67}+\frac{293.99-226.29}{226.29}+\frac{312.96-293.99}{293.99}\right.$$

$$+\frac{358.30-312.96}{312.96}+\frac{457.71-358.30}{358.30}+\frac{499.50-457.71}{457.71}+\frac{538.89-499.50}{499.50}$$

$$\left.+\frac{653.54-538.89}{538.89}+\frac{856.93-653.54}{653.54}+\frac{958.73-856.93}{856.93}\right)\Big/11$$

$$= (-0.191+0.00275+0.299+0.0645+0.145+0.277+0.0913$$

$$+0.0789+0.213+0.311+0.119)/11 \approx 0.128(\text{t/a})$$

扩建工程服务年限:10 a。

工程内容及规模:将现有处置能力 5 t/d 的 2# 医疗废物处置线(原应急处理系统)扩建为总处置能力达到 10 t/d 的医疗废物处理系统,新增收集处置非特性行业产生的医疗废物约 40 t/a。

综合考虑,如果该项目 2021 年正式投产使用,则其服务至 2030 年,据某区感染性医疗废物和损伤性医疗废物收集量年增长率 0.128 t/a 及新增收集处置非特性行业产生的医疗废物约 40 t/a 计算,到 2030 年该区需处置的医疗废物总量约为

$$958.73 \times (1+0.128)^{11} + 40 \times 10 = 3606.587 + 400 = 4006.587(\text{t/a})$$

$$每天处置量 = 4006.587/345 = 11.61(\text{t/d})$$

据扩建工程规模(将现有处置能力 5 t/d 的 2# 医疗废物处置线(原应急处理系统)扩建为总处置能力达到 10 t/d 的医疗废物处理系统),可知该扩建项目服务年限内不能满足某区医疗废物处置需求,还需通过再建其他医疗废物处置项目或从源头减少医疗废物产生量等方式进行综合调控。

案例 2 黄河下游某防洪工程项目环境影响评价分析案例

长期以来，黄河水少沙多，河道的泥沙淤积比较严重，黄河下游在华北平原形成高耸的"悬河"，威胁着 25 km² 地区内的人民生命财产安全。"黄河安危，事关大局"，做好黄河下游的防洪工作意义重大。党的十八大以来，以习近平同志为核心的党中央将黄河流域生态保护和高质量发展作为事关中华民族伟大复兴的千秋大计，习近平总书记多次实地考察沿黄省区，为新时期黄河保护治理、流域省区转型发展指明方向，为黄河流域生态保护和高质量发展重大国家战略擘画蓝图。但任何工程都会产生环境影响，为了更好掌握及调控黄河下游防洪工程的利与弊，本案例以黄河下游防洪工程为切入点，进行环境影响评价分析。

善待环境就是善待人类自己。环境问题，感受最突出的是大气，最不容易觉察的是土壤，最直观的是水。水是生命之源。黄河是中华文明最主要的发源地，中国人称其为"母亲河"。曾几何时，黄河由于自然灾害频发，特别是水害严重，"三年两决口，百年一改道"，给沿岸百姓带来深重灾难。长期以来，中华民族为了黄河安澜进行了不屈不挠的斗争。治黄专家指出，人民在中国共产党领导下治理黄河 70 多年，解决了流域水利保障"有没有"的问题，实现了由被动治理向主动治理的转变；随着黄河流域生态保护和高质量发展上升为重大国家战略，解决流域水利保障"好不好"的问题成为新的时代命题。

新时代，黄河流域构成我国重要的生态屏障，是我国重要的经济地带，是打赢脱贫攻坚战的重要区域，在我国经济社会发展和生态安全方面的地位十分重要。随着黄河流域生态保护和高质量发展上升为重大国家战略，新方向、新要求之下，围绕黄河流域生态保护和高质量发展的顶层设计先后出炉：2021 年 10 月 8 日，中共中央、国务院印发了《黄河流域生态保护和高质量发展规划纲要》；2022 年 10 月 30 日，《中华人民共和国黄河保护法》在第十三届全国人民代表大会常务委员会第三十七次会议通过，并自 2023 年 4 月 1 日起实施，等等。

为贯彻落实教育部《中国教育现代化 2035》《国家中长期教育改革和发展规划纲要（2010—2020 年）》和《国家中长期人才发展规划纲要（2010—2020 年）》提出的高质量人才培养目标，长江师范学院绿色智慧环境学院环境科学教学团队积极整合有关教学资源，选取人人关心的黄河下游防洪工程为切入点，将黄河下游河道综合整治工程作为评价对象进行案例剖析，开发整理出"黄河下游某防洪工程项目环境影响评价分析案例"。让学生在掌握流域防洪问题的产生及防控、管理知识的同时，掌握环境影响评价工作流程及工作重点。

2.1 项目概况

2.1.1 项目由来

黄河泥沙之多,含沙量之高举世闻名。黄河自中游的尾端出峡谷之后,河道展宽,比降变缓,流速降低,水流挟带的泥沙沿程沉积,使黄河下游河床逐年抬高,地上悬河的不利局面进一步加剧。黄河下游河道高悬于两岸地面以上,无论是洪水期还是枯水期,水位都远高于两岸地面,若再加上持续降雨和高水位的作用,堤防决口的可能性极大。黄河决堤后,水沙俱下,洪水将给沿黄两岸人民带来深重的灾难。由于黄河洪水泥沙在短时间内不可能得到有效控制,下游河床仍将继续抬高,悬河形势会更加严重,对于中常洪水,黄河下游堤防仍有溃决的可能性。

黄河下游流经河南、山东两省 15 个地(市)区、43 个县,两岸土地肥沃,人口稠密,交通便利。黄河下游的洪水,主要来自中游三个河段,即河口镇至龙门间(简称河龙间)、龙门至三门峡间(简称龙三间)、三门峡至花园口间(简称三花间)。这三个区间产生的洪水是下游洪水的主体。黄河下游防洪工程体系包括干流三门峡水库、小浪底水库和支流陆浑水库、故县水库,黄河左、右岸大堤以及北金堤、东平湖滞洪区等。黄河下游防洪保护区涉及河南、山东、安徽、江苏和河北五省的 1.2×10^3 km² 土地。若黄河下游堤防溃决,则将成为民族的灾难。因此,黄河洪水灾害依然是中华民族的心腹之患,加强黄河下游防洪工程体系建设具有十分重要的意义。

为贯彻习近平总书记在黄河流域生态保护和高质量发展座谈会上的重要讲话精神,加强生态环境保护,保障黄河长治久安;坚持"生态优先、绿色发展"理念,以河流生态环境整治的新思路、新理念优化工程设计方案;以"改善环境质量为核心、保证生态功能不降低"为原则,本案例以人人关心的黄河下游防洪工程为切入点,以黄河下游河道综合整治工程为评价对象进行环境影响评价案例剖析。希望通过对拟建项目有关信息的认真研读分析,学生具备确定建设项目环境影响评价文件类型、分析建设项目环境影响评价中应关注的主要环境问题及环境影响,熟悉主要评价工作过程,确定各环境要素评价工作等级、评价范围的能力;学生具备根据拟建项目产生的环境影响给出预防或者减轻不良环境影响的对策和措施的能力,初步具有参与建设项目环境影响评价的能力。

2.1.2 项目情况

1. 工程地理位置及所在河段概况

黄河干流由河南省某县(某水库下游)出山谷进入平原,至山东省某县入海口,河段长度为 871 km,是本次黄河下游河道综合治理工程建设所在河段,包括黄河下游干流及某水库以下的中游河段。

黄河下游河道是在长期排洪输沙的过程中淤积塑造形成的,目前黄河下游河床已高出大堤背河地面 4～6 m,局部河段达 10 m 以上,高出两岸平原更多,严重威胁着黄淮海平原的安全,是黄河防洪减淤的最主要河段。本次工程建设河段内,除南岸郑州以上的某山和某湖至济南为低山丘陵外,其余全靠大堤控制洪水。

由于黄河下游河床高于两岸地面,汇入支流很少。某峪以上右岸有某河自某市某工程下首汇入;左岸有某河自某县某工程处汇入。某峪以下平原区支流只有天然某渠和某河两条,地势低洼,入黄不畅;山丘区较大的支流只有某河,流经某湖汇入黄河。

黄河下游河道冲淤变化剧烈,淤积量大于冲刷量,分以下几段说明:

某镇至某村河段,河道长为 296 km。其中某镇至某铁桥河道长为 97 km,平均比降 0.26‰;某铁桥至某头河道长为 130 km,平均比降 0.21‰;某头至某村河道长为 69 km,平均比降 0.17‰。堤距 4.0～19.0 km,河槽一般宽 1.0 km 左右。目前河道整治布点工程已经完成,有 191 km 长的河段主流已经初步归顺,还有 110 km 长河段河势仍然变化剧烈;本河段防洪保护面积广大,历史上重大改道都发生在本河段,是黄河下游防洪的重要河段。

某村至某铺河段,河道长为 160 km,河道平均比降 0.15‰,堤距 1.4～8.0 km,河槽宽 1.0 km 左右,主流已基本归顺。

某铺至某洼河段,河道长为 350 km,河道平均比降 0.10‰,堤距 0.4～5.6 km,河槽宽 0.8 km 左右,目前主流基本归顺。除承担艰巨的防洪任务外,冬季凌汛期冰坝堵塞,易造成堤防决溢灾害,威胁也很严重。

某洼以下为河口段,随着黄河入海口的淤积、延伸、摆动,入海流路相应改道变迁,现行入海流路是 1976 年人工改道的清水沟流路,河道长为 65.0 km,已行河 40 多年。

各河段特点见表 2.1。

表 2.1　评价河段基本情况统计表

项目河段	河型	河道长度 /km	宽度/km			平均比降	滩槽高差/m
			堤距	河槽	滩地		
某镇至某铁桥	游荡型	97	4.1～10.0	0.9～1.9	0.5～5.7	0.26‰	0.1～3.1
某铁桥至某头	游荡型	130	5.5～12.7	1.0～1.2	0.3～7.1	0.21‰	0.6～3.1
某头至某村	游荡型	69	4.0～19.0	0.7～1.6	0.4～8.7	0.17‰	
某村至某铺	过渡型	160	1.4～8.0	0.7～1.7	0.5～7.5	0.15‰	0.3～2.6
某铺至某洼	弯曲型	350	0.4～5.6	0.5～1.5	0.4～3.7	0.10‰	1.8～2.6
某洼以下	弯曲型	65	6.5～15.0			0.11‰	
合计		871					

2. 工程任务与目标

(1) 工程任务

开展控导工程续建,完善河道整治工程体系,稳定中水河槽,并为河道内生态环境的改善创造条件;改建加固险工、控导和防护坝工程,提高工程安全稳定性;进行河口堤防工程达标建设;开展重点河段堤河治理;完善工程管理设施设备。

(2) 工程目标

黄河下游防洪工程建设以国务院批复的防御花园口 22000 m³/s 洪水为目标,实现下游堤防、险工全部达标;通过河道整治,基本控制黄河下游中水流路,减少主流游荡范围,使河道内生态环境得到保护;进一步归顺和保护入海流路,基本解决河口防洪问题;通过开展重点河段堤河治理,为下一步"二级悬河"治理积累经验;工程管理建设得到加强和完善;黄河下游控制和管理洪水的能力得到提高。

3．工程等级与防洪标准

根据可研报告,该项目工程等级与防洪标准见表2.2。

表2.2　工程等级与防洪标准情况

项目河段	工程等级	防洪标准	备　　注
黄河右岸某堤段	堤防2级	50年一遇	—
左岸某县堤段	堤防4级	25年一遇	—
其他堤段	堤防1级	按22000 m³/s的要求设防	—
黄河下游	—	按22000 m³/s的要求设防	考虑到河道沿程滞洪和某湖滞洪区分滞洪作用以及支流加水情况,沿程主要断面设防流量如下:某滩21500 m³/s,某村20000 m³/s,某口17500 m³/s,某山以下11000 m³/s
	控导工程为5级水工建筑物		黄河下游为控导河势而建,可保护滩区人口及土地,属防洪工程范畴

注:险工沿堤防修建,属堤防的一部分,按1级建筑物设计。

4．工程总体布局

为落实《黄河流域防洪规划》,进一步完善黄河下游防洪体系,本期防洪工程建设在河南省某县至山东省某县入海口河段,主要进行控导工程、险工的续建和加固;对"二级悬河"比较严重的河段通过堤河治理解决顺堤行洪问题;对河口段不达标的黄河大堤进行加固;为提升黄河大堤防洪能力,开展本次防洪治理工程。

5．工程组成及规模

（1）河道整治工程

① 整治方案

根据多年来的治黄经验,采用弯道防护,为减少治理工程量,使对岸着流部位尽量稳定在一个弯道内,对个别畸形河弯采取工程措施调整防护,可以实现归顺主流、控制河势,减少"横河""斜河"直冲堤防造成堤防重大危害的目的。由于防护和调整后防护的弯道属于微弯范畴,简称微弯整治,本次仍采用微弯整治方案。

② 控导工程

本项目共包括控导工程续建、控导工程改建加固、险工及防护坝、附属工程,具体情况见表2.3。

表 2.3　黄河下游控导工程建设内容

控导工程类别	涉及河段	建 设 内 容
控导工程续建	某铁桥以上河段、某铁桥至某头河段、某头至某村河段、某村至某铺河段、某铺至某口河段、某口至某洼河段及某洼以下河段	共安排控导工程续建 64 处,工程长度为 36.470 km。其中潜坝 18 处 8.98 km,桩坝 4 处 4.10 km
控导工程改建加固		共安排控导工程改建加固 69 处,坝垛 861 道。其中河南 30 处,坝垛 323 道;山东 39 处,坝垛 538 道
险工及防护坝		安排险工改建加固 37 处,坝垛(护岸)563 道。防护坝改建加固 7 处,坝垛 65 道
附属工程		本期重点对需要改造的防汛道路进行安排,共安排新建、改建防汛道路 50 条,长为 144.68 km,其中新建 53.49 km,改建 91.19 km。选用粒料改善土壤路面,连坝硬化路面总长度为 22.69 km

（2）堤河治理工程

本项目选择二级悬河较严重的、极易出现滚河和顺堤行洪等不利河势状况的某滩等 7 处作为治理滩区。

对某头至某铺河段内二级悬河特别严重的某段共计 7 个滩区 95 km 的堤河进行淤填治理,淤填高度高于堤河临近滩面 1.0～2.0 m,淤筑体厚度为 0.4～4.4 m,淤填宽度同堤河宽度。同时对堤根附近坑塘进行淤填,高度与滩面平。

（3）堤防工程

本期共安排某堤加高帮宽段长 49.73 km。某堤和某洪堤堤顶硬化长 77.47 km,其中翻修 16.65 km(面层翻修 5.59 km,基层 11.06 km),新建 60.82 km。

6. 工程特点

（1）工程为河道综合整治工程,具有续建特点,工程实施后,黄河下游防洪工程得以完善,防洪能力得以提高,有利于保障黄河长治久安。

（2）拟建工程呈点状分布在长达 871 km 的中、下游河段,主要沿黄河大堤或主河道布置,工程点多、分散,局部工程规模小。

（3）施工工艺比较简单,主要是土石方工程。工程总施工期为 5 年,各项目工期根据项目情况分别考虑,险工、控导工程等项目考虑在一个黄河非汛期内完成,堤河治理工期按 12 个月考虑。

（4）本次工程施工过程中大部分工程不涉水,涉水工程主要为控导工程、险工工程,该部分单个工程在一个黄河非汛期内完成。

（5）工程占地涉及环境敏感区较多,包括 3 个自然保护区、2 个水产种质资源保护区、5 个饮用水水源保护区、1 个地质公园。

（6）工程设计过程中充分考虑黄河流域生态保护要求,在建筑材料、工程形式以及敏感区保护等方面进行了优化调整。例如,本次拟建的多处险工及控导工程均位于各自然保护区的实验区,尽量避开其核心区和缓冲区。如郑州段黄河拟建的 9 处控导工程和 2 处险工工程位于河南郑州黄河湿地省级自然保护区实验区,开封段黄河拟建的 7 处控导工程位于开封柳园口湿地省级自然保护区实验区,山东段黄河拟建险工及控导工程亦位于山东黄河三角洲国家级自然保护区的实验区内,且工程施工区距离重点保护鸟类的集中分布区较远,另外本工程均不在生态保护红线范围。

7. 防洪工程施工期污染源强估算

（1）水污染源

施工期废污水主要来源于生产废水及生活污水两部分,其中生产废水主要为堤河治理施工过程的退水,生活污水产生于施工人员的日常活动。

① 堤河治理施工过程的退水

本工程主要采用组合泵或挖泥船在河槽边开采嫩滩淤筑,将泥浆水通过排泥管直接输送至淤填区,待泥沙沉淀固结后,将沉淀澄清水(淤填退水)排至堤外沟渠。退水水量较大,退水中主要为悬浮物。类比黄河下游放淤固堤施工过程,本次堤河治理工程退水量(包括泵淤退水量和船淤退水量)共 1.7187×10^8 m³。

② 施工人员生活污水

生活污水来源于各项目区的施工营地,根据工程可研设计,本工程共布置施工营地 110 个,施工期这些施工营地生活污水排放量为 1073.0 m³/d。根据对施工现场进行的调查以及当地实际情况,可知施工区域不设置水厕,生活污水主要是施工人员日常生活排放的厨房污水、洗浴污水、粪便污水等,该污水中主要污染物为 COD、SS、氨氮。

生活污水水质参数浓度按乡镇生活污水取值,COD 为 350 mg/L 左右,SS 为 200 mg/L 左右,氨氮为 15 mg/L 左右。

（2）噪声源

本工程施工期噪声主要来自两个方面：施工机械设备运行产生的噪声和机动车辆行驶产生的噪声。

施工期施工噪声源及源强见表 2.4。

表 2.4 施工期施工噪声源及源强

序号	机械类型	型号规格	最大声级 L_{max} (距噪声源7.5 m 处)/dB	声源特点
1	组合泵		80	不稳态流动源
2	挖泥船		95	不稳态流动源
3	自卸汽车	10 t	80	不稳态流动源
4	挖掘机	1 m³	85	不稳态流动源
5	推土机		85	不稳态流动源
6	振动碾		80	不稳态流动源
7	发电机		80	不稳态流动源
8	油罐车		80	不稳态流动源
9	洒水车		80	不稳态流动源

（3）大气污染源

工程施工对大气的污染主要来自土方开挖的粉尘、扬尘,施工机械运行的废气,机动车辆的尾气,道路扬尘等,主要污染物有 TSP、SO_2、NO_2 等。

① 土石方工程

施工中土石方开挖、填筑,混凝土拌和,料场取土,弃渣堆放等产生的粉尘,基本上都是间歇式排放;车辆运输、施工设备运行产生的扬尘、废气的排放方式为线性。

施工废气排放对施工区及场内施工道路附近局部区域环境将产生一定影响。施工扬尘和燃油废气排放可能影响到的环境敏感点主要分布在施工区及工程影响区周围 500 m 及道路两侧 100 m 范围内。

② 机械及车辆燃油产生的废气

根据工程施工特点,施工区比较分散,一般多使用小型施工机械,并辅助人力施工,根据工程可研设计资料,工程施工期共需油料 49470 t。类比水电工程施工有关资料,施工期产生的污染物主要为 NO_2,产生量约为 1000 t。施工区地势比较开阔,污染物排放比较分散,对局部大气环境的贡献值较小。

③ 道路扬尘

道路扬尘主要来自两方面:一方面是汽车行驶产生的扬尘;另一方面是水泥等多尘物质运输过程中,因防护不当等导致物料失落和飘散,致使沿进场道路两侧空气中含尘量增加。

(4) 固体废物产生量

① 生活垃圾

施工人员生活垃圾按人均日产 0.5 kg 计算,本工程施工期生活垃圾总产生量为 1644 t。

② 弃渣、弃土

根据工程可研设计资料,施工期产生弃土 84×10^5 m^3,弃渣(石)1.5×10^5 m^3。

2.2　建设项目周围环境概况

2.2.1　项目涉及区域环境功能区划情况

1. 主体功能区划

根据《全国主体功能区规划》《河南省主体功能区规划》和《山东省主体功能区规划》,拟建工程项目区涉及的主体功能区详见表2.5。

表 2.5　项目区主体功能区划一览表

主 体 功 能 区		涉及项目区
重点开发区域	中原经济区	河南郑州市、焦作市
农产品主产区	黄淮海平原主产区	河南、山东沿黄地市
禁止开发区域	山东黄河三角洲国家级自然保护区	山东东营市
	山东东营黄河三角洲国家地质公园	

2. 生态功能区划

根据《全国生态功能区划》（修编版），拟建工程项目区涉及生态功能区情况详见表 2.6。

表 2.6　项目区生态功能区划一览表

生 态 功 能 区			涉及项目区
生态调节功能区	生物多样性保护区	黄河三角洲湿地生物多样性保护重要区	东营市东营区、垦利区和河口区
产品提供功能区	农产品提供功能区	黄淮平原农产品提供功能区	河南省、山东省
		海河平原农产品提供功能区	
人居保障功能区	重点城镇群人居功能保障功能区	中原城镇群	郑州、开封、新乡、濮阳、菏泽、聊城
		鲁中城镇群	济南、淄博、泰安、聊城、滨州、德州、东营

3. 水功能区划

工程建设所涉及的地表水体为黄河干流，根据《全国重要江河湖泊水功能区划（2011—2030 年）》，工程所涉及河段的地表水功能区水质目标均为Ⅲ类，详见表 2.7。

表 2.7　拟建工程所在黄河干流的水功能区划一览表

序号	一级水功能区名称	二级水功能区名称	范围		长度/km	水质目标
			起始断面	终止断面		
1	黄河河南开发利用区	黄河焦作饮用、农业用水区	某大坝	某嘴	78.1	Ⅲ
2		黄河郑州、新乡饮用、工业用水区	某嘴	某岗	110.0	Ⅲ
3		黄河开封饮用、工业用水区	某岗	某头	58.2	Ⅲ
4	黄河豫鲁开发利用区	黄河濮阳饮用、工业用水区	某头	某庄	134.6	Ⅲ
5		黄河菏泽工业、农业用水区	某庄	某闸	99.7	Ⅲ
6	黄河山东开发利用区	黄河聊城、德州饮用、工业用水区	某闸	某桥	118.0	Ⅲ
7		黄河淄博、滨州饮用、工业用水区	某桥	某坝	87.3	Ⅲ
8		黄河滨州饮用、工业用水区	某坝	某庄	82.2	Ⅲ
9		黄河东营饮用、工业用水区	某庄	某口	86.6	Ⅲ

4. 地下水环境功能区划

按照地下水质量分类及质量分类指标，以人体健康基准值为依据，本区地下水属于《地下水质量标准》（GB/T 14848—2017）中Ⅲ类功能区。

5. 环境空气功能区划

根据《环境空气质量标准》，涉及自然保护区工程的项目区环境空气功能区为一类区，其他为二类区。

6. 声环境功能区划

根据《声环境质量标准》，涉及自然保护区工程的项目区声环境功能区为0类区，其他为1类区（工程所在河段周边区域大部分为农村地区）或2类区。

2.2.2　工程涉及环境保护目标

本工程永久占地面积为1.86 km²，临时占地面积为75.12 km²，单个工程占地面积较小，布置于黄河干流河南省某县至山东省某县入海口长达871 km的河段上。

部分拟建工程涉及的环境敏感保护目标类型包括河南郑州黄河湿地省级自然保护区、开封柳园口湿地省级自然保护区、山东黄河三角洲国家级自然保护区3处自然保护区，5处饮用水水源保护区，2处水产种质资源保护区，1处地质公园。经优化调整后，拟建工程施工不涉及地下水环境敏感目标及自然保护区的缓冲区和核心区。

2.2.3　环境质量概况

1. 陆生生态环境现状调查与评价

本项目土地利用现状调查结果表明，河南省和山东省土地利用类型均以农业用地为主，但不涉及永久基本农田，用地类型面积占第二位的是水域湿地，评价区林地、草地、未利用土地面积均较少。

本项目采取无人机拍摄、遥感影像解译、实地踏勘、样方分析、查阅资料等多种方法，对陆生植物展开现状调查。通过对野外样方资料进行整理后发现，河南和山东两省植被类型没有明显差异，故不再分省统计。统计结果表明，评价区内植被可分为落叶阔叶林、草甸、水生沼泽植被和农业栽培植被4个植被型，诸如杨树、柳树、狗尾草、苍耳、香蒲、芦苇、玉米和棉花等39个群系，毛白杨-狗牙根、旱柳-泡桐、狗尾草-狗牙根、芦苇-二色补血草和大豆群丛等75个群丛。

2. 水生生态环境现状调查与评价

本项目共布设调查点位21个，调查内容包括浮游生物、底栖生物、水生维管束植物及鱼类。

本次共监测到浮游植物5门52种（属），其中蓝藻门10种（属），绿藻门16种（属），硅藻门22种（属），隐藻门2种（属），甲藻门2种（属）。浮游植物栖息密度均值为1.067×10⁶ ind/L，浮游植物生物量均值为0.111 mg/L。各采样点硅藻门栖息密度和生物量均占优势,其次是蓝藻门,隐藻门和绿藻门相对较低。

浮游动物共检出 47 种,主要有 10 种原生动物、26 种轮虫、4 种枝角类和 7 种桡足类。各断面原生动物栖息密度最大,为绝对优势种群,轮虫、枝角类和桡足类栖息密度相对较小。

底栖生物共 14 种,其中淡水河段监测到底栖生物 14 种,咸水河段监测到底栖生物 8 种。底栖动物主要为水生昆虫、环节动物、甲壳动物和软体动物 4 大类,淡水和咸淡水交汇河段底栖生物组成结构差异不大,但是咸水河段底栖生物种类数量略低于淡水河段。其中主要种(属)为摇蚊幼虫、划蝽、尾鳃蚓、耳萝卜螺等。

实地调查发现,黄河滩地水生生物分布芦苇、莎草、香蒲、蓼、酸模、藜、葎草等,部分群落有问荆、三棱草,其中以芦苇与香蒲等组成的单纯性或混生性群落较为常见,在河边较缓的水域有沉水植物金鱼藻、眼子菜等。

黄河下游鱼类资源现状调查结果显示,共调查到鱼类 37 种,分属于 4 目 7 科 31 属。其中鲤形目 2 科 26 属 30 种,鲶形目 2 科 2 属 4 种,合鳃目 1 科 1 属 1 种,鲈形目 2 科 2 属 2 种。

3. 地表水环境现状调查与评价

本次评价通过收集黄河流域水资源保护局发布的最近年份的《黄河流域省界水体及重点河段水资源质量状况通报》,对黄河干流小浪底大坝以下花园口、高村、孙口、艾山、泺口、滨州、利津断面以及天然文岩渠渠村断面的常规水质监测资料(监测因子为水温、pH、溶解氧、高锰酸盐指数、化学需氧量、五日生化需氧量、氨氮、氰化物、砷、挥发性酚类、六价铬、氟化物、汞、镉、铅、铜、锌、石油类、硒、硫化物、阴离子表面活性剂、总磷)进行统计分析。同时,在黄河干流上设置 17 个监测断面进行补充监测(在某年 11 月 16—18 日开展,监测 3 d,每天 1 次;监测项目为 pH、悬浮物、溶解氧、化学需氧量、五日生化需氧量、高锰酸盐指数、氨氮、硝酸盐、总氮、总磷、铅、六价铬、氰化物、镉、石油类、挥发性酚类、砷、汞、粪大肠菌群,共 19 项)。

调查结果表明,除高村断面、艾山断面某年丰水期(7—10 月)超标外,黄河干流其余断面各时期均能达到Ⅲ类水质以上要求,现状水质条件较好。从超标因子可看出,主要超标因子为总磷、铁、锰。近三年渠村断面各时期均能达到目标水质要求。

对补充监测结果进行分析可以发现,项目区水质基本达到Ⅲ类水质以上要求,现状水质条件较好。从超标因子可看出,主要超标因子为总氮。

4. 地下水环境现状调查与评价

项目区位于黄河下游干流河段,地下水埋深为 4 m 左右,建设项目所在地干燥度不超过 1.8,土壤含盐量一般不超过 4 g/kg,pH 为 7.8~8.9。本次评价选取某村等 10 个监测点位进行地下水环境现状监测(监测因子为 pH、总硬度、溶解性总固体、硫酸盐、氯化物、铁、锰、氨氮、挥发性酚类、粪大肠杆菌、亚硝酸盐、硝酸盐、氰化物、氟化物、汞、砷、六价铬、铅),根据《地下水质量标准》(GB/T 14848—2017),采用单因子标准指数法,对评价范围内地下水环境质量进行评价。结果表明,满足《地下水质量标准》(GB/T 14848—2017)Ⅲ类标准限值的监测点位只有某庄一个,其他监测点位均不能满足《地下水质量标准》(GB/T 14848—2017)Ⅲ类标准限值,超标因子主要为粪大肠杆菌、锰、砷。调查发现,粪大肠杆菌超标主要是因为监测点所在村庄生活污水、牲畜粪便,锰、砷超标主要是因为天然因素。

5．大气环境现状调查与评价

整体来看，下游防洪工程段附近区域环境空气质量良好，SO_2、NO_2、PM_{10}、TSP 均能满足《环境空气质量标准》(GB 3095—2012)二级标准要求。

6．声环境现状调查与评价

声环境现状监测评价结果显示，9 个声环境监测点昼间测量值范围为 47～58 dB(A)，夜间测量值范围为 34～48 dB(A)，其中某楼监测点位夜间最大值为 47 dB(A)，某庄监测点位昼间最大值为 58 dB(A)，不满足《声环境质量标准》(GB 3096—2008)1 类声环境功能区标准；位于自然保护区的某峪、某寺 2 个监测点位，昼间测量值范围为 48～51 dB(A)，夜间测量值范围为 41～42 dB(A)，均不满足《声环境质量标准》(GB 3096—2008)0 类声环境功能区标准。总体来说，评价区域声环境质量仍需改善。

7．土壤环境现状调查与评价

本项目评价范围土壤环境现状监测结果表明，各监测点位监测结果均低于《土壤环境质量 农用地土壤污染风险管控标准(试行)》(GB 15618—2018)表 1、表 2 中风险筛选值，土壤风险低，一般情况下可忽略。

8．底泥现状调查与评价

参照《土壤环境质量 农用地土壤污染风险管控标准(试行)》(GB 15618—2018)，采用单因子标准指数法，对评价范围内底泥进行评价，各监测点底泥监测结果均低于《土壤环境质量 农用地土壤污染风险管控标准(试行)》(GB 15618—2018)表 1、表 2 中风险筛选值，底泥风险低，一般情况下可忽略。

思考题及参考答案

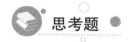

思考题

1. 如何根据项目背景资料确定环境影响评价文件类型？
2. 请根据案例资料进行该工程环境影响因素分析。
3. 请列出本项目的评价重点。
4. 根据案例资料判断该项目各环境影响要素的评价工作等级、评价时段及评价范围。
5. 请根据项目有关资料进行相关政策符合性分析。
6. 请列出本项目主要环境影响及预防或者减轻不良环境影响的对策和措施。

参考答案

1. 根据《中华人民共和国环境保护法》《中华人民共和国环境影响评价法》《建设项目环境保护管理条例》等相关法律法规、《建设项目环境影响评价分类管理名录》(2021 年版)的有关规定，拟建项目主要建设内容包括河道整治、堤河治理和堤防治理等，主要任务是完善黄河干流某河段的河道整治工程，提高工程安全稳定性，属于"五十一 水利"中"128.河湖整治(不含农村塘堰、水渠)工程",根据项目介绍,该项目为"涉及环境敏感区的",故应编制环境影响报告书,具体见表2.8。

表 2.8　项目环境影响评价类别判断

项　目　类　别		环　评　类　别		
一级	二级	报告书	报告表	登记表
五十一　水利	128.河湖整治(不含农村塘堰、水渠)工程	涉及环境敏感区的	其他	—
环境敏感区	第三条(一)中的全部区域;第三条(二)中的除(一)外的生态保护红线管控范围,重要湿地,重点保护野生动物栖息地,重点保护野生植物生长繁殖地,重要水生生物的自然产卵场、索饵场、越冬场和洄游通道			

注:《建设项目环境影响评价分类管理名录》(2021年版)第三条　本名录所称环境敏感区是指依法设立的各级各类保护区域和对建设项目产生的环境影响特别敏感的区域,主要包括下列区域:

(一)国家公园、自然保护区、风景名胜区、世界文化和自然遗产地、海洋特别保护区、饮用水水源保护区;

(二)除(一)外的生态保护红线管控范围,永久基本农田、基本草原、自然公园(森林公园、地质公园、海洋公园等)、重要湿地、天然林,重点保护野生动物栖息地,重点保护野生植物生长繁殖地,重要水生生物的自然产卵场、索饵场、越冬场和洄游通道,天然渔场,水土流失重点预防区和重点治理区、沙化土地封禁保护区、封闭及半封闭海域;

(三)以居住、医疗卫生、文化教育、科研、行政办公为主要功能的区域,以及文物保护单位。

环境影响报告书、环境影响报告表应当就建设项目对环境敏感区的影响做重点分析。

2.根据项目相关资料,该工程环境影响因素分析如下:

(1)施工期影响因素分析

结合工程和区域环境特点,类比分析黄河下游工程环境影响,本工程所产生的施工期环境影响因素主要包括噪声、扬尘、车辆尾气、废污水、固体废物等,具体分析如下:

① 生态影响因素

结合工程特点分析,生态影响因素主要来源于各类占地、施工机械和设备的噪声、施工人员活动,其影响对象主要是施工区附近及占地区的植被、野生动物、鸟类、水生生物等。运行期工程基本无生态影响因素,基本不产生生态环境影响。

② 声环境影响因素

本工程施工区跨度较大,施工工艺较为简单,声环境影响因素基本一致。

根据已建防洪工程调查,结合拟建工程和区域环境特点,声环境影响因素来自施工期,运行期无声环境影响因素。本工程施工期噪声主要来源于施工机械、设备、运输车辆的运行,施工影响时段较短,影响范围为200 m,影响程度较小。

③ 大气环境影响因素

根据工程特点和区域环境特征分析,大气环境影响因素主要为施工过程产生的扬尘、尾气,工程建成后,不存在大气环境影响因素。

施工扬尘主要来自土石方开挖、填筑,混凝土拌和,料场取土,弃渣堆放及车辆运输,主要污染物为TSP;施工机械设备废气主要来自挖掘机、发电机等燃油机械在运行时排放的尾气,主要污染物为TSP、SO_2和NO_2。

施工中土石方开挖、填筑,混凝土拌和,料场取土,弃渣堆放等产生的扬尘,基本上都是间歇式排放;车辆运输、施工设备运行产生的扬尘、尾气的排放方式为线性。

施工废气排放对施工区及场内施工道路附近局部区域环境将产生一定影响。施工扬尘和燃油废气排放可能影响到的环境敏感点主要分布在施工区及工程影响区周围 500 m 及道路两侧 100 m 范围内。

④ 地表水环境影响因素

根据黄河已建防洪工程环境影响调查,结合工程和区域环境特点,地表水环境影响源主要来自堤河治理工程退水、生活污水以及抛石对水体的扰动。运行期工程无废污水产生。

退水水质较好,可以满足地表水环境质量Ⅲ类水质标准,可以在充分利用后,将剩余退水排入黄河主河道。

工程施工期生活污水主要为施工人员厨房污水、洗浴污水、粪便污水等。由于施工营地布置于黄河大堤背河侧,远离地表水体,施工期废污水基本不会进入地表水体。

⑤ 固体废物

根据工程特点,本工程施工过程产生的固体废物为施工弃土、弃渣以及施工人员生活垃圾。由于拟建工程呈点状分布在黄河下游河道,单个工程产生的固体废物量相对较小,为避免其占压土地对局部生态环境的破坏,需采取妥善的处置措施。

(2) 运行期环境影响因素分析

① 对社会经济的影响

本工程建成后能提高堤防防洪标准,有效控导河势,减少横河、斜河发生概率等,降低洪水对堤防安全的威胁。工程运行后可以进一步提高黄河下游河段防洪能力,对保障黄河下游沿线社会经济可持续发展将产生积极的作用。

② 对水文情势的影响

本工程的建设,并不会改变河道径流的时空分布,对水文情势的影响主要体现在稳定河势方面。工程建成后,在控导工程作用下,可以调整弯道,减轻部分河段主流对凹岸冲刷,提高黄河下游段控导河势能力,缓解塌岸、横河、斜河等困境,对河势影响是有利的。而且,控导工程虽然使河流的游荡范围受到一定的限制,但是并没有彻底改变河流游荡的本质。

工程运行后,控导工程将可能改变局部区域的水流流态,但不影响河流断面过流量,对黄河下游流量过程不会产生影响。此外,因本次控导工程主要是在现有工程的基础上新建、续建等,新建内容较少,故工程各项影响程度均较小。

③ 对河道湿地的影响

新建的部分控导工程和险工占压部分河滩地,造成局部河段河道湿地面积减少,但工程建成后有利于维护河道湿地的稳定,防止主流对河道湿地的冲毁,且工程的结构并不影响河道对湿地的侧向补给,对河道湿地的漫滩补给作用影响也较小。整体上,本工程建设对河道湿地的影响较小,并且以有利影响为主。

(3) 工程占地环境影响分析

工程临时占地将会扰动、破坏地表植被,在短期内会造成土地利用形式的改变,破坏地表植被,对土地利用和生态环境产生短期影响,工程结束后该影响将随着恢复措施的实施而消失。

工程永久占地将永久改变土地利用方式,破坏地表植被,造成部分植物生物量的永久损失,局部区域生态完整性可能在一定程度上受到影响。

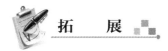

工程环境影响识别和评价因子

（1）工程环境影响识别

根据本工程特点及工程施工、工程运行对环境的作用方式，结合上述环境影响识别，本工程施工和运行期间主要对陆生生态、水生生态、水文情势、敏感区、自然环境等产生一定影响。采用矩阵法对工程环境影响进行识别，详见表2.9。

表2.9 工程环境影响识别一览表

环境要素		施工期									运行期
		旧石拆除	清基清坡	生产生活区	土方开挖	土方填筑	放淤填筑	堤顶道路	弃土处理	施工道路	
陆生生态	土地利用					−SP				−SP	
	陆生植物	−SP	−SP	−SP	−SP	−SP		−SP	−SP	−SP	
	陆生动物	−SP	−SP	−SP	−SP	−SP		−SP	−SP	−SP	
	生物多样性										
	水土流失	−SP	−SP	−SP	−SP	−SP		−SP	−SP		
水生生态	水生生物							−SP			−SP
水文情势	河道湿地				−SP						+SL
敏感区	自然保护区	−SP	−SP		−SP	−SP					
	水产种质资源保护区				−SP	−SP					
	饮用水水源保护区	−SP	−SP		−SP						
	地质公园	−SP	−SP		−SP						+SL
自然环境	地表水				−SP		−SP				
	地下水						−SP				
	声环境	−SP	−SP	−SP	−SP	−SP	−SP	−SP	−SP	−SP	−SP
	环境空气	−SP	−SP	−SP	−SP	−SP	−SP	−SP	−SP	−SP	
	土壤环境										

注："空白"表示无影响；"S"表示影响较小；"M"表示中等影响；"G"表示影响较大；"−"表示不利影响；"+"表示有利影响；"L"表示长期影响；"P"表示短期影响。

（2）评价因子

根据环境现状调查、环境影响识别，结合工程和区域环境特点，本次拟建工程环境影响评价因子见表2.10。

表2.10 评价因子一览表

阶段	环境要素		评价因子
施工期	重点	陆生生态环境	陆生动植物资源、生态系统完整性、生物多样性
		水生生态环境	水生生物、三场一道
		自然保护区	重点保护鸟类
		饮用水水源保护区	饮用水水源保护区水质
		水产种质资源保护区	水生生物、生境
	一般	声环境	等效A声级
		地表水环境	pH、SS、石油类、化学需氧量、氨氮
		地下水环境	地下水位、地下水径流
		大气环境	TSP、SO_2和NO_x
运行期	一期	水文情势	河道湿地

3. 根据工程和区域环境特点，本次评价的重点包括以下内容：

（1）工程布置环境合理性分析

本工程涉及环境敏感区较多，依据相关法律法规、部门规章的要求，结合工程与环境敏感区的特点，客观评价弃土场、取土场、施工营地、施工道路等布置的环境合理性，提出工程布置优化调整方案，降低工程建设产生的不利环境影响。

（2）已建工程环境影响回顾性评价

开展已有防洪工程环境影响调查，分析已建工程施工期、运行期环境影响，识别已建工程存在的环境问题，并给出解决建议。

（3）环境影响预测、评价与保护措施

在现场调查、类比分析的基础上，结合工程和区域环境特点，预测工程建设对项目区生态环境、地表水环境、声环境、大气环境等方面的影响，并制定切实可行的环境保护措施。

（4）敏感区环境影响与保护措施

工程建设河段环境敏感程度较高，结合工程特点和敏感区特征进行环境影响分析，提出施工布置优化调整方案，最大程度降低工程建设对敏感区的不利影响，并提出严格的、有针对性的环境保护措施。

4. 根据项目背景资料及各要素环境影响评价技术导则，判断该项目各环境影响要素的评价工作等级、评价时段及评价范围情况如下：

（1）评价等级

根据各要素环境影响评价技术导则的评价分级要求，结合工程特点和评价区域环境特征，确定本次工程生态环境、地表水环境、地下水环境、声环境、大气环境、土壤环境的评价工作等级。

① 生态环境

本工程永久占地面积为 1.86 km²,临时占地面积为 75.12 km²,单个工程占地面积较小,布置于黄河干流河南省某县至山东省某县入海口长达 871 km 的河段上。部分拟建工程涉及河南郑州黄河湿地省级自然保护区、开封柳园口湿地省级自然保护区、山东黄河三角洲国家级自然保护区,工程建设涉及特殊生态敏感区;河口段部分拟建工程涉及黄河三角洲国家地质公园。根据《环境影响评价技术导则 生态影响》(HJ 19—2022)有关要求,本次生态环境评价等级为一级。

② 地表水环境

本工程的建设任务主要是开展控导工程续建、改建加固险工和控导工程、河口堤防工程达标建设和重点河段堤河治理,属于水文要素影响型建设项目。

拟建工程布置于黄河长达 871 km 的干流河道上,点多分散,局部占地面积较小,扰动水体面积较小,工程建设前后,所在河段过水断面宽度变化不明显;同时拟建工程涉及饮用水水源保护区、自然保护区、水产种质资源保护区等敏感保护目标。根据《环境影响评价技术导则 地表水环境》(HJ 2.3—2018)要求,综合确定本工程地表水环境评价等级为二级。

③ 地下水环境

施工不涉及地下水环境敏感目标,对地下水环境的影响较小,施工结束后项目区地下水环境影响因素基本消失。本工程为河道综合整治工程,根据《环境影响评价技术导则 地下水环境》(HJ 610—2016),属于Ⅲ类项目,地下水环境不敏感,综合确定本工程地下水环境影响评价等级为三级。

④ 声环境

《环境影响评价技术导则 声环境》(HJ 2.4—2021)的评价分级原则见表2.11。

表2.11 声环境影响评价工作等级划分原则一览表

工作等级	划 分 依 据		
	声环境功能区类别	声环境保护目标噪声级增高量	受影响人口数量
一级	0 类	>5 dB(A)	显著增多
二级	1 类、2 类	3~5 dB(A)	增加较多
三级	3 类、4 类	<3 dB(A)	变化不大
本工程	工程所在河段周边区域大部分为农村地区,声环境功能区多为 1 类;位于黄河大堤沿线,区域人为活动比较强烈;部分工程占地涉及自然保护区,局部项目区声环境敏感;受工程改建影响人口数量较少,改建前后无变化;改建后无噪声污染源		

根据《环境影响评价技术导则 声环境》(HJ 2.4—2021)的评价分级原则,本次声环境评价等级为二级。

⑤ 大气环境

工程建设位于黄河大堤上,周围地势比较开阔,以农村地区为主,大气污染物的扩散条件较好。大气环境影响因素来自工程施工期,运行期无大气环境影响。考虑工程特点,大气环境影响范围、程度较小,影响时间较短,施工结束后,大气环境影响因素消失。

根据《环境影响评价技术导则　大气环境》(HJ 2.2—2018)的评价分级原则,本次大气环境评价等级为三级。

⑥ 土壤环境

根据《环境影响评价技术导则　土壤环境(试行)》(HJ 964—2018),本工程属于生态影响型建设项目。项目区位于黄河下游干流河段,地下水埋深为 4 m 左右,建设项目所在地干燥度不超过 1.8,土壤含盐量一般不超过 4 g/kg,pH 为 7.8~8.9。因此,按照生态影响型敏感程度分级表(表 2.12),项目建设区属于较敏感区。依据生态影响型评价工作等级划分表(表 2.13),本工程土壤环境影响评价等级为三级。

表 2.12　生态影响型敏感程度分级表

敏感程度	判　别　依　据		
	盐　化	酸化	碱化
敏感	建设项目所在地干燥度[a]>2.5 且常年地下水位平均埋深<1.5 m 的地势平坦区域;或土壤含盐量>4 g/kg 的区域	pH≤4.5	pH≥9.0
较敏感	建设项目所在地干燥度>2.5 且常年地下水位平均埋深≥1.5 m 的,或 1.8<干燥度≤2.5 且常年地下水位平均埋深<1.8 m 的地势平坦区域;建设项目所在地干燥度>2.5 或常年地下水位平均埋深<1.5 m 的平原区;或 2 g/kg<土壤含盐量≤4 g/kg 的区域	4.5<pH≤5.5	8.5≤pH<9.0
不敏感	其他	5.5<pH<8.5	
本工程	按照盐化和碱化指标可知本工程评价区的敏感程度为较敏感		

注:[a]是指采用 E601 观测的多年平均水面蒸发量与降水量的比值,即蒸降比值。

表 2.13　生态影响型评价工作等级划分表

敏感程度	Ⅰ类项目	Ⅱ类项目	Ⅲ类项目
敏感	一级	二级	三级
较敏感	二级	二级	三级
不敏感	二级	三级	—

注:"—"表示可不开展土壤环境影响评价。

根据《环境影响评价技术导则　土壤环境(试行)》(HJ 964—2018)表 A.1 土壤环境影响评价项目类别可知,本工程属于"水利-其他",即Ⅲ类项目,因此评价等级为三级。

(2)评价时段

结合工程特点和区域环境特征,工程改建所产生影响集中在施工期,环境影响以生态环境、声环境、大气环境、地表水环境、社会环境影响为主;运行期工程以有利环境影响为主。因此,本工程评价时段分为施工期和运行期,重点关注施工期。

(3)评价范围

结合工程特点和区域环境特征,按照各要素环境影响评价技术导则的要求,各环境要素评价范围见表 2.14。

表 2.14　评价范围一览表

环境要素		评价时段	评价范围
生态环境	陆生生态	施工期 运行期	评价范围以维持整个工程区生态完整性、涵盖评价项目全部活动的直接影响区和间接影响区为原则,确定本次工程陆生生态影响评价范围为河南某县至入海口长871 km的黄河干流沿岸及工程影响的自然保护区。 重点评价工程所在的区域周围1 km范围
	水生生态		水生生态评价范围为河南某县至入海口长871 km的黄河干流河段。 重点评价范围为工程涉及的2处水产种质资源保护区
水文情势		施工期 运行期	评价范围为河南某县至入海口长871 km的黄河干流河段,重点关注运行期重要断面生态流量满足程度及对河道湿地、河口三角洲湿地的影响
地表水环境		施工期	评价范围为工程建设河段以及工程可能影响的其他地表水体。 重点评价饮用水水源保护区工程上游500 m、下游1 km的范围
环境空气		施工期	评价范围为主体工程及施工场地200 m范围,主要运输线路、施工临时道路两侧200 m范围以内以及取弃土场200 m范围内。 重点评价范围内的环境空气敏感点
声环境		施工期	评价范围为施工区200 m的范围内、临时占地周围200 m的范围内、主要运输线路两侧200 m的范围内

5. 工程与相关法律法规、政策、规划的符合性分析如下:

(1) 与黄河流域生态保护和高质量发展相关要求的符合性

根据习近平总书记在黄河流域生态保护和高质量发展座谈会上的重要讲话精神,针对流域"洪水风险依然是流域的最大威胁""流域生态环境脆弱"的问题,提出"加强生态环境保护""保障黄河长治久安"主要目标任务。针对下游的黄河三角洲"要做好保护工作,促进河流生态系统健康,提高生物多样性。"为保障黄河长治久安,"要完善水沙调控机制,解决九龙治水、分头管理问题,实施河道和滩区综合提升治理工程,减缓黄河下游淤积,确保黄河沿岸安全。"

本次工程建设任务如下:开展控导工程续建,完善河道整治工程;改建加固险工和控导工程,提高工程安全稳定性;进行河口堤防工程达标建设;开展重点河段堤河治理,解决顺堤行洪危害;完善工程管理设施设备。工程建成后,黄河下游控制和管理洪水的能力得到提高,有利于实现黄河的长治久安,确保黄河沿岸安全。环评工作过程中取消了涉及自然保护区缓冲区、核心区的工程,对涉及环境敏感区内的临时占地进行了避让,并对其他涉及环敏感区的工程提出了严格的环境保护措施,工程的建设过程中在最大程度上考虑了生态环境保护要求,工程建成后,有利于维护河道湿地的稳定,整体上对河道湿地产生有利影响。

综上所述,工程建设符合黄河流域生态保护和高质量发展的要求。

（2）与国家产业政策的符合性分析

本工程为黄河下游防洪工程新续建,建设内容主要包括控导工程、险工、堤河治理工程、堤防工程,工程建成后起到完善防洪工程体系和提高下游防洪标准的作用。根据《产业结构调整指导目录（2019 年本）》,本工程属于鼓励类中的"江河湖海堤防建设和河道治理工程"类别,符合国家产业政策。

（3）与相关法律法规、政策的符合性分析

① 与《中华人民共和国防洪法》的符合性分析

根据《中华人民共和国防洪法》,"第二条　防洪工作实行全面规划、统筹兼顾、预防为主、综合治理、局部利益服从全局利益的原则。""第四条　江河、湖泊治理以及防洪工程设施建设,应当符合流域综合规划,与流域水资源的综合开发相结合。""第十九条　整治河道和修建控制引导河水流向、保护堤岸等工程,应当兼顾上下游、左右岸的关系,按照规划治导线实施,不得任意改变河水流向。"

a. 本工程建设内容属于《黄河流域防洪规划》中规划建设项目,本工程实施后,有利于完善黄河下游防洪工程体系,提高防洪标准,符合《黄河流域综合规划》相关要求。

b. 本次河道整治工程均为续建、加固工程,工程布局依据规划治导线要求对现有控导、险工进行上延、下延,符合《中华人民共和国防洪法》第十九条要求。

② 与《中华人民共和国水污染防治法》的符合性分析

根据《中华人民共和国水污染防治法》第六十四条、第六十五条、第六十六条,"在饮用水水源保护区内,禁止设置排污口。""禁止在饮用水水源一级保护区内新建、改建、扩建与供水设施和保护水源无关的建设项目;已建成的与供水设施和保护水源无关的建设项目,由县级以上人民政府责令拆除或者关闭。禁止在饮用水水源一级保护区内从事网箱养殖、旅游、游泳、垂钓或者其他可能污染饮用水水体的活动。""禁止在饮用水水源二级保护区内新建、改建、扩建排放污染物的建设项目;已建成的排放污染物的建设项目,由县级以上人民政府责令拆除或者关闭。在饮用水水源二级保护区内从事网箱养殖、旅游等活动的,应当按照规定采取措施,防止污染饮用水水体。"

《关于〈中华人民共和国水污染防治法〉中饮用水水源保护有关规定进行法律解释有关意见的复函》（环办函〔2008〕667 号）规定:"在饮用水水源一级保护区内只要与供水设施和保护水源无关的建设项目,一律禁止建设。但是,对于既无法调整饮用水水源和保护区,又确实避让不开的跨省公路、铁路、输油、输气和调水等重大公共、基础设施项目,可以在充分论证的前提下批准建设。"

根据调查,本次拟建工程基本上为续建、加固性质,新建工程规模较小。部分新续建控导工程、险工和堤河治理工程位于饮用水水源保护区二级区内,施工时间较短,施工期污染影响较小,运行期工程不产生污染源,施工过程对地表水环境影响较小,在采取地表水环境保护措施后,工程建设对所处河段水环境基本无不利影响。

控导工程是在滩岸前沿修建的坝、垛和护岸工程,其主要作用是控导河流主流,以稳定河势、减小河势游荡范围。对黄河下游局部河段而言,该河段内的多处控导和险工工程的相互配合、联合运用,可使该河段的河道流路相对固定。而稳定不变的河道流路一方面保证了引黄闸门或地表水取水口能够靠近主流、较为方便地取到河水,避免了因水流游荡迁徙而远离取水口、无水可取的尴尬局面;另一方面,相对稳定的河道流路减少了滩地坍塌。总之,控导工程的修建,有利于防止工程附近取水口被洪水破坏、保护取水口的安全,不违背《中华人民共和国水污染防治法》"禁止在饮用水水源一级保护区内新建、改建、扩建与供水设施和保护水源无关的建设项目"这一个规定。

此外,经环评与设计单位多次沟通,目前设计单位已将水源保护区中的施工生活区全部调出了保护区范围。符合《中华人民共和国水污染防治法》"禁止在饮用水水源二级保护区内新建、改建、扩建排放污染物的建设项目"这一规定。

综上所述,本次工程建设符合《中华人民共和国水污染防治法》的相关要求。

③ 与《中华人民共和国自然保护区条例》的符合性分析

《中华人民共和国自然保护区条例》第三十二条规定:"在自然保护区的核心区和缓冲区内,不得建设任何生产设施。在自然保护区的实验区内,不得建设污染环境、破坏资源或者景观的生产设施。"第二十六条规定:"禁止在自然保护区内进行砍伐、放牧、狩猎、捕捞、采药、开垦、烧荒、开矿、采石、捞沙等活动。"

经优化调整后,拟建工程不涉及自然保护区的缓冲区、核心区,符合《中华人民共和国自然保护区条例》的相关要求。

部分拟建的控导工程、险工涉及河南郑州黄河湿地省级自然保护区、开封柳园口湿地省级自然保护区、山东黄河三角洲国家级自然保护区的实验区,不属于《中华人民共和国自然保护区条例》第三十二条界定的污染环境、破坏资源或者景观的生产设施。为尽可能减少施工过程中可能对自然保护区产生的不利影响,环评将"预防或者减免不良环境影响的措施"作为环境影响评价的重点,环评工作中与设计部门充分互动,在确保防洪安全前提下,通过优化自然保护区工程布局、调整施工组织设计方案等尽可能预防或者减免工程建设可能对生态环境造成的不良影响。同时,评价对自然保护区工程施工提出了严格的保护、恢复及监测、监督、管理措施,工程施工结束后及时采取生态环境减缓及恢复措施,不会对自然保护区的生态环境产生影响。在以上措施和建议落实情况下,工程建设符合《中华人民共和国自然保护区条例》的规定。

(4) 与国家相关规划的符合性分析

① 与《全国主体功能区规划》的符合性分析

根据《全国主体功能区规划》,黄河下游两岸地区位于"黄淮海平原主产区(限制开发区)"和"中原经济区(重点开发区)"之内。

黄淮海平原主产区的主要功能定位为"保障农产品供给安全的重要区域",主要发展方向为"保护耕地、保障农产品供给、确保国家粮食安全"等。

中原经济区的功能定位为全国重要的高新技术产业、先进制造业和现代服务业基地,能源原材料基地,综合交通枢纽和物流中心,区域性的科技创新中心,中部地区人口和经济密集区。

本工程建设的主要任务是保障黄河下游地区及黄河下游防洪保护区的防洪安全,对促进中原经济区发展、保障黄淮海平原粮食主产区的农产品供给等具有积极的作用。因此,本工程建设与《全国主体功能区规划》对本次工程区域的功能定位、发展方向等相符合。

② 与《黄河流域防洪规划》的符合性分析

2008年国务院批复了《黄河流域防洪规划》(以下简称《规划》)(国函〔2008〕63号文),该《规划》是指导今后20年黄河流域防洪减淤建设与管理的基础和依据。《规划》指出,下游防洪的近期目标:到2015年,初步建成黄河防洪减淤体系,基本控制洪水,确保防御花园口洪峰流量22000 m^3/s 堤防不决口。基本完成下游标准化堤防建设,强化河道整治,初步控制游荡性河段河势。

同时,《规划》对黄河下游的堤防工程、险工和控导工程建设也做出了具体安排:a.《规划》对下游防洪安排的堤防加固任务,截至2020年仍有258.654 km(约占堤防总长的20%)未完成。b. 险工坝垛已改建加固1819道,占《规划》安排改建险工坝垛总数4566道的39.84%,剩余坝垛数仍有2747道,占《规划》安排总数的60.16%。c. 对于控导工程,黄河下游陶城铺以上宽河段布点工程已经完成,新续建工程完成77.07 km,占《规划》安排的61.33%;《规划》安排近期加高加固控导工程177处、坝垛3669道,目前已完成或安排加高加固坝垛200道,占《规划》安排总数的5.45%,剩余坝垛3469道,占《规划》安排总数的94.55%。

本次工程安排开展控导工程续建、改建加固险工和控导工程、河口堤防工程和堤河治理。本工程建成后,《规划》规划建设的险工改建、防护坝、控导新续建和控导加高加固等工程完成比例较现状明显提高。工程建设内容符合《规划》要求,与其目标一致。

③ 与《黄河流域综合规划》的符合性分析

2013年3月国务院以国函〔2013〕34号文批复的《黄河流域综合规划》(2012—2030年)中指出:"针对当前黄河下游防洪存在的主要问题,除结合黄河水沙调控体系建设规划,建设古贤水利枢纽,加快建设河口村水利枢纽等防洪水库外……继续建设标准化堤防,加快河道整治步伐,搞好东平湖滞洪区建设。"

本次工程的建设任务是开展控导工程续建,完善河道整治工程;改建加固险工和控导工程,提高工程安全稳定性;进行河口堤防工程达标建设;开展重点河段堤河治理,解决顺堤行洪危害。工程建成后可以起到完善黄河下游标准化堤防、提高黄河下游防洪能力的作用。因此,本工程的实施符合《黄河流域综合规划》相关要求。

(5) 与相关功能区划符合性分析

① 与《全国生态功能区划》(修编版)的符合性分析

根据《全国生态功能区划》(修编版),河南某县至入海口评价河段涉及黄河三角洲湿地生物多样性保护重要区、黄淮平原农产品提供功能区、海河平原农产品提供功能区、中原城镇群人居保障功能区、鲁中城镇群人居保障功能区。

a. 生物多样性保护功能区。评价范围涉及黄河三角洲湿地生物多样性保护重要区,该区地处黄河下游入海处三角洲地带,包含1个功能区——黄河三角洲湿地生物多样性保护功能区,行政区主要涉及山东东营市的河口区、垦利区和东营区,区内湿地类型主要有沼泽湿地、河流湿地和滩涂湿地等。生物多样性较为丰富,是珍稀濒危鸟类的迁徙中转站和栖息地,是保护湿地生态系统生物多样性的重要区域。该区主要生态问题如下:黄河中下游地区用水量增加,入海水量减少,对下游三角洲湿地生态产生很大影响;海水倒灌引起淡水湿地的面积逐年减少,湿地质量不断下降;石油开发与湿地保护的矛盾突出。生态保护主要措施如下:合理调配黄河流域水资源,保障黄河入海口的生态需水量;严格保护河口新生湿地;禁止在湿地内开垦或随意变更土地用途的行为,防止农业发展对湿地的蚕食以及石油资源开发和生产对湿地的污染。

b. 农产品提供功能区。评价范围涉及黄淮平原农产品提供功能区、海河平原农产品提供功能区,农产品提供功能区的主要问题包括农田侵占、土壤肥力下降、农业面源污染严重。

该类型生态保护的主要方向如下:严格保护基本农田,培养土壤肥力。加强基本农田建设,增强抗自然灾害的能力。加强水利建设,大力发展节水农业;种养结合,科学施肥。发展无公害农产品、绿色食品和有机食品;调整农业产业和农村经济结构,合理组织农业生产和农村经济活动等。

c. 重点城镇群。评价范围涉及中原城镇群、鲁中城镇群,该类型区的主要生态问题如下:城镇无序扩张,城镇环境污染严重,环保设施严重滞后,城镇生态功能低下,人居环境恶化。该类型的生态保护主要方向如下:以生态环境承载力为基础,规划城市发展规模、产业方向;建设生态城市,优化产业结构,发展循环经济,提高资源利用效率;加快城市环境保护基础设施建设,加强城乡环境综合整治;城镇发展坚持以人为本,从长计议,节约资源,保护环境,科学规划。

本工程的建设可以进一步提高黄河下游防洪能力、减轻洪水威胁,对维护黄河三角洲生态系统稳定、黄河下游地区农业生产以及城镇经济发展有重要意义,符合《全国生态功能区划》(修编版)的保护要求。

② 与《河南省生态功能区划》的符合性分析

本工程所在区域位于《河南省生态功能区划》中划分的黄淮海平原农业生态区,该区域主要的生态特征为平原农业生态系统,主要的生态环境问题如下:人口多,生活污染排放量大,区域水质严重恶化;黄泛区为土壤沙化控制敏感区;湿地保护区处于河南的大丰区,土壤易沙化。主要的生态保护措施及目标为:加强上游来水监测,主动做好本区水污染防治;严格保护现有防护林,控制土壤沙化;保护湿地生境,严禁建设污染和破坏生态环境的项目,发展生态农业,控制面源污染。

本工程为防洪工程,工程建成后可以进一步提高黄河下游防洪能力、减轻洪水威胁,保障黄河长治久安,具有明显的社会效益,与《河南省生态功能区划》是相符的。

③ 与《山东省生态功能区划》的符合性分析

根据《山东省生态功能区划》,山东段项目区涉及华北平原农业生态区(Ⅱ),包括鲁北沿黄沙碱防治与粮食生产生态功能区(Ⅱ1-4)、鲁西沿黄营养物质保持与沙化防治生态功能区(Ⅱ2-1)、鲁西中部沙化防治与水源涵养生态功能区(Ⅱ2-2)、现代黄河三角洲生物多样性保护生态功能区(Ⅱ3-1)。黄河三角洲生物多样性保护生态功能区地广人稀、土地垦殖率低,发展林牧业潜力大,无浅层地下水淡水资源,垦殖不当,土壤极易返盐,农业用水主要利用黄河水。其他生态功能区存在土地碱化、盐渍化的问题。水土资源相对丰富,农业生产相对发达。

现代黄河三角洲生物多样性保护生态功能区(Ⅱ3-1)发展方向主要是加强林业和草场建设,停止开垦农田,对于已建农田应提高单位面积粮食产量,保证粮食自给。其他生态功能区在保证粮食自给的基础上，发展林业。

本工程为防洪工程，工程建成后可以进一步提高黄河下游防洪能力、减轻洪水威胁，保障黄河长治久安，具有明显的社会效益，与《山东省生态功能区划》是相符的。

（6）与自然保护区总体规划一致性分析

① 与《郑州黄河省级自然保护区总体规划》的一致性分析

本次郑州段黄河拟建的9处控导工程和2处险工位于河南郑州黄河湿地省级自然保护区实验区，本工程为生态影响类型的建设项目，是国家防洪减灾重大民生工程，不属于污染环境、破坏资源或景观的生产设施建设项目。根据设计方案，自然保护区实验区内未布设取弃土场、施工营地和生活区等，工程施工占地、干扰及噪声等可能对鸟类栖息带来一定程度的不利影响，为确保该保护区生态安全，评价提出了严格生态环境避让、减缓、恢复措施及监测、监督管理措施，工程建成后有助于控导河势和保护滩地，进而保护核心区和缓冲区的湿地资源，对维护湿地生态系统多样性、保护鸟类栖息地及对保护区的生态安全具有积极作用，评价认为在施工期采取严格生态环境保护措施的情况下，工程建设符合《郑州黄河省级自然保护区总体规划》要求。

② 与《开封柳园口湿地省级自然保护区总体规划》的一致性分析

本次开封段黄河拟建的7处控导工程位于开封柳园口湿地省级自然保护区实验区，本工程为生态影响类型的建设项目，是国家防洪减灾重大民生工程，不属于污染环境、破坏资源或景观的生产设施建设项目。根据设计方案，自然保护区实验区内未布设取弃土场、施工营地和生活区等，工程施工占地、干扰及噪声等可能对鸟类栖息带来一定程度的不利影响，为确保该保护区生态安全，评价提出了严格生态环境避让、减缓、恢复措施及监测、监督管理措施，工程建成后有助于控导河势和保护滩地，进而保护核心区和缓冲区的湿地资源，对维护湿地生态系统多样性、保护鸟类栖息地及对保护区的生态安全具有积极作用，评价认为在施工期采取严格生态环境保护措施的情况下，工程建设符合《开封柳园口湿地省级自然保护区总体规划》要求。

③ 与《山东黄河三角洲国家级自然保护区总体规划》的一致性分析

根据《山东黄河三角洲国家级自然保护区总体规划》，对于实验区，该区域是在有效保护的前提下，以资源的持续培育、永续利用、合理经营与开发为措施，最终达到改善区域经济、更大范围利用资源提供模式和指导的目标。在该区范围内，可开展水产养殖、综合利用、生态旅游、科普宣传教育和局站址建设等活动，安排建设环境教育设施、野外培训教育基地、管护站点以及游客访问中心和湿地生态补水示范区。

本次拟建的多处险工及控导工程均位于山东黄河三角洲国家级自然保护区的实验区，工程施工区距离重点保护鸟类的集中分布区较远，施工不会对其产生明显的不利影响。其施工期较短，施工工艺简单，对自然保护区的环境影响时段较短，影响程度较小。工程建成后有利于维护湿地生态系统的稳定，对保护临河湿地具有有利作用。通过对施工方案的优化调整，将原设计中布置于自然保护区内的生产生活区进行了调整，最大程度上减免了工程建设对自然保护区的不利影响。

综上所述，工程建设对自然保护区无明显的不利影响，不影响自然保护区实验区保护目标的实现。因此，工程建设方案基本符合《山东黄河三角洲国家级自然保护区总体规划》的相关保护要求。

(7) 与生态保护红线的符合性分析

生态保护红线是指在生态空间范围内具有特殊重要生态功能、必须强制性严格保护的区域,是保障和维护国家和省生态安全的底线和生命线。目前河南省、山东省未公布生态保护红线划定结果。本次环评依据河南省、山东省生态保护红线送审稿开展工作。

① 与河南省生态保护红线的符合性分析

根据生态保护红线划定方案,全省生态保护红线面积为 16835.70 km²,占全省国土面积的 10.08%,主要分布于北部的太行山区,西部的小秦岭、崤山、熊耳山、伏牛山和外方山区,南部的桐柏山和大别山区,零星分布于南水北调中线干渠沿线、黄河干流沿线、淮河干流沿线、豫北平原和黄淮平原。本工程为点状工程,分布于黄河下游河段,依据工程与生态保护红线相对位置关系,本工程均不涉及生态保护红线范围。

② 与山东省保护红线的符合性分析

根据生态保护红线划定方案,山东省陆域与海洋生态保护红线总面积为 24528.73 km²(扣除重叠),占全省陆域国土和管理海域总面积的 12.22%。其中陆域生态保护红线面积为 15015.47 km²,占全省陆域国土面积的 39.51%,海洋生态保护红线面积为 9859.58 km²,占山东管理海域面积的 20.83%。黄海海域划定大陆自然岸线 1087 km,占黄海海域岸线总长度的 45.03%,渤海海域大陆自然岸线保有率不低于 40%。

依据工程与生态保护红线相对位置关系,山东段拟建工程均不涉及生态保护红线范围。

6. 本项目主要环境影响及预防或者减轻不良环境影响的对策和措施如下:

(1) 水生生态

工程涉水施工将对附近水生生物造成扰动影响,工程将少量占用黄河郑州段黄河鲤国家级水产种质资源保护区、黄河鲁豫交界段国家级水产种质资源保护区,导致少量水域面积损失。主要保护措施如下:

① 避让措施

工程涉及 2 个国家级水产种质资源保护区,为降低工程建设活动对鱼类繁殖的影响,建议合理安排施工时段和施工时序,严禁 4—6 月进行涉水施工,避开其繁殖期。建议 2 个水产种质资源保护区的治理工程施工期涉水工程避让主要保护物种的特别保护期(4 月 1 日—6 月 30 日)。

② 建立鱼类栖息地保护河段

根据工程影响水产种质资源保护区情况,工程建成后,控导外侧原有水域生境逐渐转变为河滩湿地。建议在重要鱼类保护河段入黄口建立鱼类栖息地保护河段,营造出静缓和缓流水生境的人工栖息产卵繁殖场所。

③ 鱼类补偿措施

通过该工程对水产种质资源保护区的影响分析以及工程建设对渔业资源损害补偿估算该工程造成的鱼类产量损失大小,施工结束后开展生境修复,布设人工鱼巢,开展补偿性增殖放流。

(2) 陆生生态

工程施工和占地等将对评价区内植被及鸟类等动物造成影响。主要保护措施如下:

优化施工组织设计,取消自然保护区核心区、缓冲区内工程;禁止在自然保护区设置取土场、施工营地等临时设施;禁止夜间施工,施工避让冬候鸟越冬期及主要保护对象繁殖期;部分施工区设置移动式隔声屏障减缓施工噪声对鸟类的影响;开展鸟类栖息地修复;设立留鸟投食点定期投食。工程施工前应划定施工范围,施工要限制在划定范围内,并且在工程施工区设置警示牌,禁止施工人员和车辆在湿地保护区内进入到施工范围以外的区域,尽可能减少占地、噪声、扬尘等,尽可能最大限度地消除和减缓对自然保护区野生动物和鸟类的正常栖息的影响;建设人工湿地。施工单位进入施工区域之前要对施工人员进行培训教育,加强对施工人员生态保护的宣传教育,通过制度化严禁施工人员非法猎捕野生动物和鸟类。同时对受影响的保护植物进行移栽。

（3）环境风险

涉水施工或临水施工可能影响附近取水口水质。主要保护措施如下:

严格控制施工范围,加强饮用水水源保护区及取水口的取水管理、水环境监测及应急应对。

案例 3　某生猪屠宰项目环境
影响评价分析案例

近年来,随着人民生活水平的提高,社会各界和各级政府对食用安全放心肉食品提出了更高的要求,实现生猪定点屠宰是生猪产品质量安全的保障。为了加强对生猪屠宰的防疫检验管理,保证肉品质量,保障人民群众的身体健康,各地兴建的生猪屠宰场均要按照屠宰场规范化生产标准进行设计,同时要开展环境影响评价工作,以便降低该类项目对周边环境的影响。为了更好预防及控制生猪屠宰项目产生的废水、废气、噪声和固体废物及风险影响,本案例以某生猪屠宰项目为切入点进行环境影响评价分析。

我国是世界上最大的猪肉生产国和消费国,联合国粮食及农业组织(FAO)统计数据显示,2020 年,全球猪肉产量为 1.098354×10^8 t。其中我国产量为 4.113×10^7 t,占全球的比重为 37.45%,远超全球其他国家;美国和德国以 1.285×10^7 t 和 5.12×10^6 t 的产量分别位列第二和第三位,两国所占的比重分别是 11.69% 和 4.66%。与我国相比,产量分别相差 2.828×10^7 t、3.601×10^7 t,产量占全球的比重分别相差 25.76%、32.79%。2021 年,我国猪肉产量为 5.296×10^7 t,同比增长 1.183×10^7 t,同比增幅达 28.76%。

随着非洲猪瘟疫情的常态化发展,内疫扩散和外疫传入的风险长期存在。我国猪肉供应保障面临巨大的压力,产业发展面临的风险更加凸显,但在国家政策和市场行情的刺激下,我国生猪产业正在快速恢复。近几年来,猪肉产量一直维持在 5×10^7 t 以上,猪肉在国内肉类产量和消费量占比均超过 60%。预计未来我国猪肉整体需求保持平稳,猪肉已成为我国城乡居民的"菜篮子"产品。猪肉是我国大多数居民最主要的肉食品,生猪产能的恢复,对于保障人民群众生活、稳定物价、保持经济平稳运行和社会稳定具有重要意义。

为了保证生猪产品质量安全,保障人民身体健康,国务院令第 742 号颁布《生猪屠宰管理条例》以加强生猪屠宰管理,国家实行生猪定点屠宰、集中检疫制度。未经定点,任何单位和个人不得从事生猪屠宰活动。国家根据生猪定点屠宰厂(场)的规模、生产和技术条件以及质量安全管理状况,推行生猪定点屠宰厂(场)分级管理制度,鼓励、引导、扶持生猪定点屠宰厂(场)改善生产和技术条件,加强质量安全管理,提高生猪产品质量安全水平。

根据《中华人民共和国环境影响评价法》和《建设项目环境保护管理条例》中的有关规定,应当在工程开工前对该项目进行环境影响评价。

环境影响评价是一门理论与实践相结合的适用性、综合性均很强的学科,是人们认识环境的本质和进一步保护与改善环境质量的手段与工具。为贯彻落实 2022 年教育部《绿色低碳发展国民教育体系建设实施方案》和《加强碳达峰碳中和高等教育人才培养体系建设工作方案》通知中提出的"以高等教育高质量发展服务国家碳达峰碳中和专业人才培养需求"宗旨,长江师范学院绿色智慧环境学院环境科学教学团队积极整合有关教学资源,基于"学生在掌握一定环境影响评价理论知识的基础上,通过融会贯通、独立思考,将基础理论与实践相结合,把书本知识运用到实际的项目环境影响评价当中,进而掌握环境影响评价的工作程序以及区域环境现状调查、工程分析和环境影响预测评价的技术方法,初步具有编写环境影响评价文件的能力"的教学目标,以人人关心的"菜篮子"工程——生猪屠宰项目为切入点,以某新建屠宰加工厂为评价对象进行案例剖析,开发整理出"某生猪屠宰项目环境影响评价分析案例"。让学生在分析生猪屠宰项目对周围环境产生的影响的同时提出污染防治对策与措施,进而掌握环境影响评价工作流程及工作要点。

3.1 项 目 概 况

3.1.1 项目由来

在经历非洲猪瘟疫情之后,我国猪肉生产能力快速恢复至正常水平,2021 年,生猪出栏量为 6.7128×10^8 头,猪肉产量为 5.296×10^7 t,四川、湖南、河南三个省份猪肉产量在我国排名前三。近年来,我国生猪产业快速发展,2021 年生猪规模化养殖水平首次达到 60%,但仍然存在整体集中率水平不够,产能供应阶段性偏紧等问题,4 家头部企业(牧原、正邦、温氏、新希望)2021 年累计销售生猪 7.83852×10^7 头,合计占全国生猪出栏量的 11.68%。

另外,我国是全球最大的猪肉生产国,同时也是全球最大的猪肉消费国。2019 年,我国猪肉食物供应量达 5.44016×10^7 t,在全球所占的比重达 72.77%,2011 年至 2019 年人均食物供应量 8 连增。在我国的猪肉消费结构中,98% 的猪肉供食用,加工和出口所占的比重比较小。2021 年为近年来出口量最低的年份,出口量仅为 2.5×10^3 t,出口金额为 1.4×10^7 美元,以广东省保障我国香港地区的猪肉供应为主。2021 年,我国猪肉进口量再创新高,主要进口省市为上海、广东、山东,主要进口来源地为西班牙、巴西、美国。

为了保障猪肉这一重要的老百姓"菜篮子"产品持续稳定供应,国家和地方出台了诸多政策以助力生猪产业健康、可持续、高质量的发展。本案例以人人关心的生猪屠宰项目为切入点,以某新建屠宰加工厂为评价对象进行案例剖析。希望通过该案例的剖析,学生深入理解建设项目环境影响评价分类管理,具备识别项目施工期和运营期对周围环境影响(影响方式、影响程度、影响范围等)的能力;掌握分析评价建设项目环境影响的方法及技能;掌握分析项目污染物排放特征(污染物种类、数量、排放方式及其排放规律等),进而提出污染防治对策与措施,从环境影响角度为主管部门决策提供科学依据。

3.1.2 项目情况

1. 基本情况

(1) 项目名称:某食品有限公司 30 万头生猪屠宰及加工项目。

(2) 建设单位:某食品有限公司。

（3）项目性质：新建。

（4）建设地点：某省某市某工业园区食品加工园。

（5）占地面积：8351 m^2。

（6）建设规模：总占地面积为 8351 m^2，用地性质为工业用地，建设内容包括待宰车间、屠宰车间、加工车间、办公楼、冷库及污水处理站等配套设施。项目建成后，年屠宰生猪 30 万头，年产肉制品 $2.46×10^4$ t。

（7）行业代码及类别：据《国民经济行业分类》（GB/T 4754—2017），项目属于［C1351］牲畜屠宰。

（8）投资总额：项目总投资 6667 万元，其中环保投资 333 万元，占总投资的 5%。

（9）劳动定员及工作制：项目劳动定员 60 人，年工作 360 d，采用一班制，每天工作 8 h。

2．建设规模及建设内容

（1）建设规模及产品方案

项目年屠宰生猪 30 万头，年产肉制品（猪胴体）$2.46×10^4$ t，猪副产品 6000.5 t，主要产品情况见表 3.1。

表 3.1　建设主要产品方案表

序号	产品名称	单位	数量	备注
1	屠宰量	万头生猪/a	30	1 头猪按 110 kg 计
2	肉制品（猪胴体）	t/a	$2.46×10^4$	出肉率按 74.5% 计
3	猪副产品	t/a	6000.5	出售

（2）建设内容

项目占地 8351 m^2，主要建设待宰车间、屠宰车间、加工车间、办公楼、冷库及污水处理站等配套设施。项目具体建设内容详见表 3.2。

表 3.2　项目建设内容一览表

工程类别	单项工程名称	工程内容	工程规模
主体工程	屠宰车间	建设 1 栋 1F 屠宰车间，位于厂区中部	层高 8 m，建筑面积约为 2688 m^2，设置 1 条屠宰加工生产线，日屠宰生猪约 834 头，年屠宰生猪 30 万头，年产肉制品（猪胴体）$2.46×10^4$ t，猪副产品 6000.5 t
	加工车间	位于屠宰车间内西南侧，用于分切胴体	
辅助工程	办公楼	建设 1 栋 3F 办公楼，其中负一层架空	建筑面积约为 900 m^2，满足 30 人办公等需求

续表

工程类别	单项工程名称	工程内容	工程规模
储运工程	待宰车间	建设2栋1F待宰车间,位于厂区西北侧及东侧	建筑面积共计约858.76 m²,其中东侧待宰车间作为备用,最大存栏量为834头
	冷库	在屠宰车间内东南侧设置1间冷库,用于储存酮体、副产品等	建筑面积约为400 m²,为R404A冷库
	厂外运输	主要依托社会运输力量	
公用工程	供电	依托某镇供电管网	用电量为6×10⁵ kWh/a
	供水	项目生产、生活依托某镇供水管网	用水量为403.88 m³/d(147416.2 m³/a)
	供热	建设1栋锅炉房,设置2台1 t/h生物质锅炉,采用成型生物质作为燃料	建筑面积约为100 m²,成型生物质用量为360 kg/h(1036.8 t/a)
	制冷	采用R404A制冷设备	3台制冷设备(2用1备),冷库体积为600 m³
	排水	实行雨污分流制。雨水经雨水管网排入附近水体,污水经污水管网排入厂区污水处理站	全厂污水产生量约为675.92 m³/d(243331.4 m³/a),经厂区污水处理站处理达标后回用437.34 m³/d(157442.4 m³/a),外排量为238.58 m³/d(85889 m³/a),用于周边农田灌溉,不外排。另外厂区外新建DN500污水管网300 m,经该污水管网排入西侧池塘
环保工程	废气	恶臭:待宰车间和屠宰车间采取强制排风系统;污水处理池体加盖板+集气罩收集废气,收集的恶臭共同通过1套低温等离子体除臭装置处理后经1根15 m高排气筒外排	待宰车间采取封闭式结构,并采用机械通风,集气效率达90%以上,排气量为20000 m³/h;屠宰车间为封闭式车间,采用机械通风以保证卫生和生产要求,通风次数不小于6次/h。集气效率达90%以上,排气量为40000 m³/h;污水处理站收集效率达到90%以上,排气量为10000 m³/h
		生物质锅炉废气:采用低氮燃烧+布袋除尘器处理后通过1根15 m高排气筒排放	
	废水	污水处理站占地面积约为400 m²	污水处理站设计处理规模为700 m³/d,采用"机械格栅+隔油+调节+混凝沉淀+气浮+厌氧+兼氧+接触氧化+沉淀+消毒"作为主体工艺
	噪声	低噪声设备,隔声、基础减振	厂界达标

续表

工程类别	单项工程名称	工程内容	工程规模
	固体废物	生产固体废物综合利用,生活垃圾环卫部门清运;设置一般固体废物暂存间1间	一般固体废物暂存间面积约为100 m^2,并设置1个冷冻冰柜,用于暂存病死猪
	环境风险及地下水	对于重点防渗区,依据《危险废物贮存污染控制标准》(GB 18597—2001),要求渗透系数≤10^{-10} cm/s;一般防渗区防渗要求:等效黏土防渗层 Mb≥1.5 m,要求渗透系数≤$1.0×10^{-7}$ cm/s。厂区设220 m^3事故池,厂区雨污排口设节流阀
	绿化	植树、植被	绿化面积约为560 m^2

3. 总平面布置概况

根据厂区地理条件,在满足生产、安全、卫生等要求的前提下,按照工程合理、因地制宜、充分利用等原则进行项目的总平面布置。

项目严格按照国务院《生猪屠宰管理条例》(国务院令第742号)和《生猪屠宰与分割车间设计规范》等有关行业政策及技术规范进行设计。

(1)总平面布置原则

① 严格遵守防火、防爆、安全、卫生等现行规范和规定。

② 按功能分区布置。根据单元的性质、功能差异,尽量将单元性质相近、功能联系密切的单元紧凑布置在一个分区,为此形成生产区、办公区等。各功能区又相对集中布置,既方便管理,有利于安全,同时又方便检修,有利于生产,形成厂区的总平面布置。

③ 满足工艺流程、合理紧凑布置。按全厂的工艺流程、物料输送方向以及各单元相互关系的密切程度合理布置生产区、辅助生产区的分布,使之相对集中,节省能耗,使全厂工艺流程、物料输送形成最佳路径,达到降低运营成本的目的。

(2)总平面布置

建设项目占地8351 m^2,主要建设有待宰车间、屠宰车间、加工车间、办公楼、冷库及污水处理站等配套设施。由于项目占地不规则,项目将屠宰车间设置在厂区中部,屠宰车间内再设置加工车间及冷库,待宰车间及污水处理站设置在屠宰车间西北侧,办公楼设置在屠宰车间东侧。为充分利用土地,项目在临近办公楼北侧又设置一间待宰车间作为备用。项目生产区基本位于办公区的侧风向或下方向,以减少恶臭对办公区的影响。

3.2　建设项目周围环境概况

3.2.1　周围环境敏感区情况

建设项目位于某市某镇某工业园区,选址和用地符合某工业园区发展规划要求。项目区不涉及饮用水水源保护区、自然保护区、风景名胜区、世界自然与文化遗产地、森林公园、重点文物保护单位等环境敏感区。

3.2.2　项目涉及区域环境功能区划情况

1. 地表水功能区划

本项目污水排放方案为废水经厂内污水处理设施处理达标后,通过污水管网输送至某市某片区污水处理厂,该污水处理厂采用二级处理,处理达标后污水最终汇入长江干流某段,其水环境功能类别为饮用水水源地二级保护区、农业用水、工业用水,水质类别为Ⅲ类水体。

2. 地下水功能区划

本项目所在区域地下水化学组分含量较高,其功能区类别主要为农业和部分工业用水,水质类别为Ⅳ类。

3. 环境空气质量功能区划

本项目所在区域为某工业园区,属于环境空气质量二类功能区。

4. 声环境功能区划

本项目处于以工业生产、仓储物流为主要功能的工业园区,属于声环境 3 类功能区,项目厂界 200 m 范围内无零散居民敏感点。

3.2.3　环境质量概况

1. 地表水环境质量现状

项目附近的主要地表水体为北侧 850 m 的长江某段,该水域水环境功能类别为饮用水水源地二级保护区、农业用水、工业用水,地表水环境执行《地表水环境质量标准》(GB 3838—2002)Ⅲ类标准。

本项目附近地表水体长江某段没有国家监测断面,缺少生态环境保护行政主管部门统一发布的水环境状况信息,因此本次环评将《某市某农业开发有限公司果蔬包装箱建设项目环境影响报告书》对长江某段地表水水质监测的资料作为本项目影响地表水水质类比数据。该项目与拟建项目相距1.1 km,监测时间为某年 07 月 28 日至某年 07 月 30 日,为近三年的有效数据,因此类比可行。

(1)检测因子:pH、COD、BOD$_5$、总磷、氨氮、石油类、硫化物、氟化物、悬浮物共 9 项。

（2）检测点位：长江某段上游 W1、长江某段下游 W2，共 2 个检测断面。

（3）检测频率：某年 07 月 28 日至某年 07 月 30 日，连续采样 3 d，每天每个断面一个水样。

（4）监测单位：某环境科技有限公司。

（5）监测结果及评价：长江某段水质情况监测结果见表 3.3。

表 3.3　长江某段水质情况监测结果

单位：pH 无量纲，其余为 mg/L

样品类型		长江某段上游 W1			长江某段下游 W2			标准值	标准来源	是否达标	超标倍数
序号	分析指标	07.28	07.29	07.30	07.28	07.29	07.30				
1	pH	7.06	7.10	7.09	7.00	6.95	7.02	6～9	《地表水环境质量标准》（GB 3838—2002）	达标	—
2	COD	16	16	16	16	16	16	≤20		达标	—
3	BOD$_5$	1.3	1.4	1.3	0.7	0.9	1.0	≤4.0		达标	—
4	氨氮	0.515	0.535	0.495	0.435	0.465	0.455	≤1.0		达标	—
5	总磷	0.092	0.100	0.084	0.136	0.140	0.124	≤0.2		达标	—
6	氟化物（以 F$^-$ 计）	0.297	0.260	0.278	0.278	0.297	0.243	≤1.0		达标	—
7	石油类	0.010	0.011	0.010	0.016	0.013	0.013	≤0.05		达标	—
8	硫化物	0.018	0.016	0.015	0.019	0.017	0.018	≤0.2		达标	—
9	悬浮物	21	16	24	27	22	19	≤30	《地表水资源质量标准》（SL 63—94）	—	—

由表 3.3 可知，项目所在区长江某段现状水质能够满足《地表水环境质量标准》（GB 3838—2002）Ⅲ类水质标准。

2．地下水环境质量现状

（1）监测点布设及监测项目

对评价区域地下水进行监测，根据本项目建设区域的地下水分布特点，共设 5 个监测点，具体见表 3.4。

表 3.4　地下水环境质量现状监测布点

点位编号	测点位置	监测项目	备注	监测时段
D1	某大屋	pH、氨氮、硝酸盐、亚硝酸盐、挥发性酚类、氰化物、砷、汞、六价铬、总硬度、铅、氟、镉、铁、锰、溶解性总固体、高锰酸盐指数、硫酸盐、氯化物、总大肠菌群、细菌总数、K$^+$、Na$^+$、Ca^{2+}、Mg^{2+}、CO$_3^{2-}$、HCO$_3^-$、Cl$^-$、SO$_4^{2-}$	给出点位坐标、水井用途、井深	某年 11 月 2 日监测 1 d，每天采样一次
D2	厂址位置			
D3	某湾			
D4	某洼			
D5	某市某镇初级中学			

（2）采样及分析方法

本次监测所用的采样及分析方法按照国家规范执行，具体见表 3.5。

表 3.5　地下水环境监测方法一览表

类型	检测项目	标准（方法）名称及编号（含年号）	检出限
地下水	pH	《水质　pH值的测定　玻璃电极法》GB 6920—86	—
	氨氮	《水质　氨氮的测定　纳氏试剂分光光度法》HJ 535—2009	0.025 mg/L
	硝酸盐	《水质无机阴离子（F^-、Cl^-、NO_2^-、Br^-、NO_3^-、PO_4^{3-}、SO_3^{2-}、SO_4^{2-}）的测定　离子色谱法》HJ 84—2016	0.016 mg/L
	亚硝酸盐	《水质　亚硝酸盐氮的测定　分光光度法》GB 7493—87	0.003 mg/L
	挥发性酚类	《水质　挥发酚的测定　4-氨基安替比林分光光度法》HJ 503—2009	0.0003 mg/L
	氰化物	《生活饮用水标准检验方法　无机非金属指标》GB/T 5750.5—2006	0.002 mg/L
	砷	《水质　汞、砷、硒、铋和锑的测定　原子荧光法》HJ 694—2014	0.3 μg/L
	汞	《水质　汞、砷、硒、铋和锑的测定　原子荧光法》HJ 694—2014	0.04 μg/L
	六价铬	《水质　六价铬的测定　二苯碳酰二肼分光光度法》GB 7467—87	0.004 mg/L
	钙	《水质　钙和镁的测定　原子吸收分光光度法》GB 11905—89	0.02 mg/L
	铅	《生活饮用水标准检验方法　金属指标》GB 5750.6—2006	2.5 μg/L
	钾	《水质　钾和钠的测定　火焰原子吸收分光光度法》GB 11904—89	0.013 mg/L
	镁	《水质　钙和镁的测定　原子吸收分光光度法》GB 11905—89	0.002 mg/L
	钠	《水质　钾和钠的测定　火焰原子吸收分光光度法》GB 11904—89	0.003 mg/L
	镉	《生活饮用水标准检验方法　金属指标》GB 5750.6—2006	0.5 μg/L
	铁	《水质　铁、锰的测定　火焰原子吸收分光光度法》GB 11911—89	0.03 mg/L
	锰	《水质　铁、锰的测定　火焰原子吸收分光光度法》GB 11911—89	0.01 mg/L
	溶解性总固体	《生活饮用水标准检验方法　感官性状和物理指标》GB/T 5750.4—2006	—
	硫酸盐	《水质无机阴离子（F^-、Cl^-、NO_2^-、Br^-、NO_3^-、PO_4^{3-}、SO_3^{2-}、SO_4^{2-}）的测定　离子色谱法》HJ 84—2016	0.018 mg/L

类型	检测项目	标准（方法）名称及编号（含年号）	检出限
地下水	氯离子	《水质无机阴离子（F^-、Cl^-、NO_2^-、Br^-、NO_3^-、PO_4^{3-}、SO_3^{2-}、SO_4^{2-}）的测定　离子色谱法》HJ 84—2016	0.007 mg/L
	耗氧量	《生活饮用水标准检验方法　有机物综合指标》GB/T 5750.7—2006	0.05 mg/L
	氟化物	《水质无机阴离子（F^-、Cl^-、NO_2^-、Br^-、NO_3^-、PO_4^{3-}、SO_3^{2-}、SO_4^{2-}）的测定　离子色谱法》HJ 84—2016	0.006 mg/L
	总硬度	《地下水质检验方法　乙二胺四乙酸二钠滴定法测定硬度》DZ/T 0.0064.15—1993	10.0 mg/L
	碳酸盐	《水和废水监测分析方法》（第四版）（2002 年）	—
	重碳酸盐	《水和废水监测分析方法》（第四版）（2002 年）	—
	细菌总数	《水质　细菌总数的测定　平皿计数法》HJ 1000—2018	—
	总大肠菌群	《水和废水监测分析方法》（第四版）（2002 年）	20 MPN/L

（3）监测结果

地下水环境现状监测结果见表 3.6。

表 3.6　地下水环境现状监测结果

检测项目	点　位　名　称					GB/T 14848—2017 Ⅲ类标准值
	某　年　11　月　02　日					
	D1 某大屋	D2 厂址位置	D3 某湾	D4 某洼	D5 某市某镇初级中学	
坐标	N31°30′×″ E117°42′×″	N31°29′×″ E117°41′×″	N31°29′×″ E117°41′×″	N31°29′×″ E117°41′×″	N31°30′×″ E117°41′×″	
井深/m	8.3	7.8	9.4	9.8	7.0	—
pH	6.97	6.96	7.01	6.96	6.90	6.5～8.5
氨氮 /(mg/L)	0.071	0.078	0.072	0.089	0.075	≤0.50
硝酸盐 /(mg/L)	ND	ND	ND	ND	ND	≤20
亚硝酸盐 /(mg/L)	ND	ND	ND	ND	ND	≤1.00

续表

检测项目	点 位 名 称					
	某 年 11 月 02 日					
	D1 某大屋	D2 厂址位置	D3 某湾	D4 某洼	D5 某市某镇 初级中学	GB/T 14848—2017 Ⅲ类标准值
坐标	N31°30′×″ E117°42′×″	N31°29′×″ E117°41′×″	N31°29′×″ E117°41′×″	N31°29′×″ E117°41′×″	N31°30′×″ E117°41′×″	
挥发性酚类 /(mg/L)	ND	ND	ND	ND	ND	≤0.002
氰化物 /(mg/L)	ND	ND	ND	ND	ND	≤0.05
砷/(mg/L)	3.7	3.8	3.5	3.7	3.7	≤0.01
汞/(mg/L)	ND	ND	ND	ND	ND	≤0.001
六价铬 /(mg/L)	ND	ND	ND	ND	ND	≤0.05
钙/(mg/L)	21.4	21.6	21.2	21.5	21.6	—
铅/(mg/L)	ND	ND	ND	ND	ND	≤0.01×10³
钾/(mg/L)	1.98	1.96	1.99	2.03	1.99	—
镁/(mg/L)	6.14	6.06	6.11	6.27	6.23	—
钠/(mg/L)	11.4	10.3	10.6	11.0	8.12	≤200
镉/(mg/L)	ND	ND	ND	ND	ND	≤0.005×10³
铁/(mg/L)	ND	ND	ND	ND	ND	≤0.3
锰/(mg/L)	0.08	0.08	0.08	0.08	0.08	≤0.10
溶解性总固体 /(mg/L)	108	106	106	107	108	≤1000
硫酸盐 /(mg/L)	16.6	17.1	15.9	15.3	15.6	≤250
氯离子 /(mg/L)	24.7	25.1	24.6	24.9	24.6	≤250
耗氧量 /(mg/L)	1.6	1.6	1.5	1.9	1.5	≤3.0
氟化物 /(mg/L)	ND	ND	ND	ND	ND	≤1.0

检测项目	点 位 名 称					
	某 年 11 月 02 日					GB/T 14848—2017 Ⅲ类标准值
	D1 某大屋	D2 厂址位置	D3 某湾	D4 某洼	D5 某市某镇初级中学	
坐标	N31°30′×″ E117°42′×″	N31°29′×″ E117°41′×″	N31°29′×″ E117°41′×″	N31°29′×″ E117°41′×″	N31°30′×″ E117°41′×″	
总硬度 /(mg/L)	82	78	82	79	78	≤450
碳酸盐 /(mg/L)	ND	ND	ND	ND	ND	—
重碳酸盐 /(mg/L)	60	61	60	60	60	—
菌落总数 /(CFU/mL)	40	42	50	43	50	≤100
总大肠菌群 /(MPN/L)	<20	<20	<20	<20	<20	≤30

注:"ND"表示未检出。

（4）现状评价

由表 3.6 中数据可知,在评价区域内,地下水所测因子均符合《地下水质量标准》（GB/T 14848—2017）中的Ⅲ类标准。

3. 大气环境质量现状

（1）空气质量达标区判定

根据某市环境监测站提供的某年某镇环境空气自动监测站环境质量数据,某市某镇某年环境空气质量现状见表 3.7。

表 3.7　区域空气质量现状评价表

污染物	年评价指标	现状浓度 /(μg/m³)	标准值 /(μg/m³)	占标率	达标情况
SO_2	年均值	6.8	60	11.3%	达标
NO_2	年均值	27.3	40	68.3%	达标
PM_{10}	年均值	57.1	70	81.6%	达标
$PM_{2.5}$	年均值	39.3	35	112.3%	不达标
CO	全年日均值	1.15 mg/m³	4 mg/m³	28.8%	达标
O_3	全年日 8 h 均值	118.6	160	74.1%	达标

由上表可知,某市某镇区域环境空气 $PM_{2.5}$ 不达标,其他基本污染物均能满足标准要求,某市某镇为不达标区。

某市人民政府于某年下发了《某市人民政府关于印发某市打赢蓝天保卫战三年行动计划实施方案的通知》(某政发某号)文件,在积极落实相关大气污染防治工作的基础上,预计区域环境空气质量将会进一步好转。根据本评价对拟建项目的工程分析内容和环境影响预测结果可知,项目生产过程中排放的各类污染物均能够达标排放,不会降低现有环境功能。

根据《关于印发某市某年大气污染防治重点工作任务的通知》(某大气办某号)的要求,某年要完成的主要任务包括年底前要编制完成空气质量限期达标规划,制定更严格的产业准入门槛。说明某市人民政府已制定了达标规划时间表。

(2) 其他污染物环境质量现状

① 监测因子:NH_3、H_2S。

② 监测时间和频次:连续 7 d。

③ 监测方法:按环境监测技术规范和《环境空气质量标准》(GB 3095—2012)6.2 节等的有关规定进行,具体见表 3.8。

表 3.8　环境空气监测方法一览表

类型	检测项目	标准(方法)名称及编号(含年号)	检出限
环境空气	NH_3	《环境空气和废气　氨的测定　纳氏试剂分光光度法》HJ 533—2009	0.01 mg/m³
	H_2S	《空气和废气监测分析方法》(第四版)(2003 年)	0.001 mg/m³

④ 测点布设及监测时段:按本区域监测期间主导风向,考虑区域功能及建设项目特点,在项目区及附近设置 2 个测点,具体见表 3.9。

表 3.9　大气环境质量现状监测布点

序号	监测点名称	监测因子	监测时段	相对厂址方位	相对厂界距离/m
G1	厂址位置	NH_3、H_2S	连续监测 7 d,NH_3、H_2S 监测小时浓度,每天采样 4 次,每次采样时间不少于 45 min	—	—
G2	某大屋			NE	1049

⑤ 监测结果:项目监测期间大气环境监测结果见表 3.10。

表 3.10 大气环境监测结果一览表

检测项目	采样时间		实测浓度/(mg/m³)	
			G1 厂址位置	G2 某大屋
NH₃	某年 11 月 02 日	第一次	0.01	0.02
		第二次	ND	ND
		第三次	0.01	0.01
		第四次	0.01	0.02
	某年 11 月 03 日	第一次	0.01	0.01
		第二次	ND	0.01
		第三次	0.02	0.02
		第四次	0.01	0.02
	某年 11 月 04 日	第一次	0.01	0.02
		第二次	0.02	0.01
		第三次	0.01	ND
		第四次	ND	0.01
	某年 11 月 05 日	第一次	0.01	0.02
		第二次	ND	0.01
		第三次	0.02	0.01
		第四次	0.01	0.02
	某年 11 月 06 日	第一次	0.02	0.02
		第二次	0.02	0.01
		第三次	0.01	0.02
		第四次	0.01	0.01
	某年 11 月 07 日	第一次	0.01	0.01
		第二次	0.02	0.02
		第三次	0.02	0.02
		第四次	0.02	0.01
	某年 11 月 08 日	第一次	0.02	0.008
		第二次	0.02	0.01
		第三次	0.02	0.008
		第四次	0.01	0.02

续表

检测项目	采样时间		实测浓度/(mg/m³)	
			G1 厂址位置	G2 某大屋
H₂S	某年 11 月 02 日	第一次	ND	ND
		第二次	ND	ND
		第三次	ND	ND
		第四次	ND	ND
	某年 11 月 03 日	第一次	ND	ND
		第二次	ND	ND
		第三次	ND	ND
		第四次	ND	ND
	某年 11 月 04 日	第一次	ND	0.001
		第二次	ND	ND
		第三次	ND	0.0015
		第四次	ND	0.0015
	某年 11 月 05 日	第一次	ND	ND
		第二次	ND	ND
		第三次	ND	ND
		第四次	ND	ND
	某年 11 月 06 日	第一次	ND	ND
		第二次	ND	ND
		第三次	ND	ND
		第四次	ND	ND
	某年 11 月 07 日	第一次	0.001	ND
		第二次	ND	ND
		第三次	ND	ND
		第四次	ND	ND
	某年 11 月 08 日	第一次	0.001	ND
		第二次	0.002	ND
		第三次	0.002	ND
		第四次	ND	ND

注:"ND"表示未检出。

⑥ 现状评价

a. 评价标准。特征因子 NH_3 和 H_2S 执行《环境影响评价技术导则　大气环境》(HJ 2.2—2018)附录 D 中其他污染物空气质量浓度参考限值,具体见表 3.11。

表 3.11　特征因子空气质量浓度参考限值

编号	污染物名称	标准值/(mg/m^3)(1 h 平均)
1	NH_3	0.2
2	H_2S	0.01

b. 评价方法。采用单因子污染指数法进行评价:

$$I_i = \frac{C_i}{C_{si}}$$

式中,I_i 为 i 种污染物分指数;C_i 为 i 种污染物实测值,mg/m^3;C_{si} 为 i 种污染物标准值,mg/m^3。当 $I_i \geqslant 1$ 时为超标;否则为未超标。

c. 评价结果。以各评价指标浓度值计算的 I 值见表 3.12。

表 3.12　环境空气单因子评价结果

监测点	监测项目	浓度范围/(mg/m^3)		污染指数范围	
		最小值	最大值	最小值	最大值
G1	NH_3 小时值	0.01	0.02	0.05	0.1
	H_2S 小时值	0.001	0.002	0.1	0.2
G2	NH_3 小时值	0.008	0.02	0.04	0.1
	H_2S 小时值	0.001	0.0015	0.1	0.15

监测结果表明,项目所在地及区域环境空气中 NH_3、H_2S 的环境空气质量满足《环境影响评价技术导则　大气环境》(HJ 2.2—2018)附录 D 的限值要求。

4. 声环境质量现状

某年 10 月 16 日至某年 10 月 17 日委托某环境科技有限公司对项目区厂界声环境和周边环境进行现状监测。

(1) 监测点:项目厂界东、南、西、北面各一个点,某村散户,共 5 个监测点。

(2) 监测项目:等效 A 声级 L_{eq}。

(3) 监测频次:每个监测点连续监测 2 d,分昼夜两个时段。

(4) 监测结果:厂界及某村散户噪声现状监测结果见表 3.13。

表 3.13　项目区噪声现状监测结果

单位:dB(A)

监测点	日期	昼间	标准值	达标情况	夜间	标准值	达标情况
项目厂界东面	某年 10 月 16 日	53.1	65	达标	43.2	55	达标
	某年 10 月 17 日	53.3	65	达标	43.0	55	达标

监测点	日期	昼间	标准值	达标情况	夜间	标准值	达标情况
项目厂界南面	某年10月16日	51.2	65	达标	40.5	55	达标
	某年10月17日	51.7	65	达标	41.1	55	达标
项目厂界西面	某年10月16日	52.2	65	达标	41.4	55	达标
	某年10月17日	52.4	65	达标	41.7	55	达标
项目厂界北面	某年10月16日	51.1	65	达标	40.9	55	达标
	某年10月17日	51.6	65	达标	40.7	55	达标
某村散户	某年10月16日	53.6	60	达标	43.6	50	达标
	某年10月17日	54.0	60	达标	43.3	50	达标

根据上述结果,项目建设厂界噪声达到《声环境质量标准》(GB 3096—2008)3 类标准要求,某村散户声环境质量满足《声环境质量标准》(GB 3096—2008)2 类标准。

3.3　环境影响预测与评价

3.3.1　施工期环境影响预测与评价

1. 地表水环境影响分析

项目施工期产生的废水主要包括施工废水和生活污水。

施工废水主要来源于地基开挖、混凝土养护和砂石料加工及车辆设备冲洗水等。项目施工期主要道路将采用砼硬化路面,场地四周将敷设排水沟(管),并修建临时沉淀池,施工废水经过隔油和沉淀处理之后回用。

施工期产生少量的生活污水,主要污染物浓度如下:COD 为 200 mg/L,氨氮为30 mg/L,SS 为 150 mg/L,TP 为 2 mg/L,动植物油为 20 mg/L。应当在施工现场设置旱厕,粪便供当地农民作为农家肥使用,不可随意排放。

在采取上述措施后,施工期的废水不会对当地水环境构成较明显的不利影响。

2. 大气环境影响分析

施工过程中废气主要有施工机械所排放的废气和施工扬尘。其中施工车辆(机械)废气具有流动性、局部和间歇性,排放量较小,经自然扩散后,对周边环境敏感点以及周边大气环境影响不大。

施工过程的主要大气影响来自施工扬尘,具体包括汽车行驶扬尘和风力扬尘。根据有关资料分析,汽车行驶扬尘产生量与路面含尘量、汽车车型、车速等有关,根据有关文献资料介绍,施工过程中,车辆行驶产生的扬尘占总扬尘的 60% 以上。施工中,一些建材需露天堆放,一些施工点表层土壤需人工开挖、堆放,在天气干燥又有风的情况下会产生风力扬尘,此类扬尘的主要特点是与风速和尘粒含水率有关。故此汽车行驶扬尘可通过限制施工车辆速度、保持路面清洁以及施工洒水等手段有效减少；对于风力扬尘，可通过减少建材的露天堆放和保持物料一定的含水率达到抑尘的效果。

3．声环境影响分析

（1）主要噪声源及其特性

施工期噪声源主要是施工机械和运输机械交通噪声。根据类比调查可知，不同施工阶段具有各自的噪声特性。当多台设备同时作业时，产生噪声叠加。根据类比调查可知，叠加后的噪声增加 3～8 dB(A)，一般不会超过 10 dB(A)。根据《环境噪声与振动控制工程技术导则》（HJ 2034—2013），项目施工期的主要噪声源特性见表 3.14。

表 3.14　施工阶段主要噪声源特性一览表

施工阶段	设备名称	距声源距离/m	噪声强度/dB(A)
土石方阶段	液压挖掘机	5	82～90
	推土机	5	83～88
	装载机	5	90～95
基础施工	打桩机	5	100～110
	静力压桩机	5	70～75
	风镐	5	88～92
	振动夯锤	5	92～100
	空压机	5	88～92
	移动式发电机	5	95～102
	混凝土输送泵	5	88～95
结构阶段	混凝土振捣器	5	80～88
	电锯、电刨	5	93～99
	空压机	5	88～92
	木工电锯	5	93～99
	云石机	5	90～96
	角向磨光机	5	90～96
	移动式吊车	5	85～88

（2）预测模式及结果

施工期噪声对环境的影响，一方面取决于声源大小和施工强度，另一方面还与周围敏感点分布及其与声源间的距离有关。不同作业性质和作业阶段，施工强度和所用到的施工机械不同，对声环境影响也不同。

施工期单个噪声源近似按照点声源计算，声级计算公式如下：

$$L_A(r) = L_A(r_0) - 20 \lg(r/r_0)$$

式中，$L_A(r)$ 为距声源 r 处的声级，dB(A)；$L_A(r_0)$ 为参考位置 r_0 处的声级，dB(A)；r 为预测点与点声源之间的距离，m；r_0 为参考位置与点声源之间的距离，m。

根据上式计算的施工设备随距离衰减的情况见表 3.15。

表 3.15　施工设备噪声随距离衰减预测结果

单位:dB(A)

施工设备	距离/m										
	10	20	30	40	60	80	100	150	200	250	300
液压挖掘机	86	80	76	74	70	68	66	62	60	58	56
推土机	85	79	74	72	69	67	65	61	59	57	55
装载机	91	85	91	79	75	73	71	67	65	63	61
运输车辆	79	73	69	67	63	61	59	55	53	51	49
电锯	95	89	85	83	79	77	75	71	69	67	65
空压机	88	82	78	76	72	70	68	64	62	56	50
风镐	87	81	77	75	71	69	67	63	61	59	57
混凝土振捣器	84	78	74	72	68	66	64	60	58	56	54
混凝土输送泵	90	84	80	78	74	72	70	66	64	62	60
打桩机	106	88	84	82	78	76	74	70	68	66	64
移动式吊车	88	82	78	76	72	70	68	64	62	60	58
静力压桩机	73	67	63	61	57	55	53	49	47	45	43

各施工机械单独连续作业时,部分施工机械距声源 100 m 处噪声可满足施工场界昼间 70 dB(A)的标准要求,部分高噪声设备在 150～200 m 噪声方可满足施工场界昼间 70 dB(A)的标准要求;夜间部分施工机械要在 300 m 以外才能满足夜间 55 dB(A)的标准要求,大部分高噪声设备在 500 m 左右才能满足夜间 55 dB(A)的标准要求。本项目夜间不施工,项目地周边 200 m 的范围内主要是空地,无村庄等环境敏感点,不会对周边的居民产生影响。

建议在施工期间采取以下措施:

① 施工期应严格执行《建筑施工场界环境噪声排放标准》(GB 12523—2011)有关规定,加强施工管理,文明施工,控制同时作业的高噪声设备的数量。

② 尽量采用低噪声施工设备和低噪声的施工方法;施工期高噪声设备尽量在项目场区中心布置。

③ 作业时在高噪声设备周围设置屏蔽。

④ 尽量采用商品混凝土。

⑤ 加强运输车辆的管理,建材等运输尽量在白天进行,并控制车辆鸣笛。

⑥ 合理安排作业时间,严格按照施工噪声管理的有关规定,避免夜间施工。如进行夜间施工作业,要征得当地环保部门的同意,并告知周围居民,取得当地居民的谅解和支持。

4. 固体废物影响分析

施工期产生的固体废物主要是施工过程中产生的建筑垃圾、基础设施场地平整过程中产生的废弃土石方、施工人员产生的生活垃圾。

对于生活垃圾,项目在施工现场应当设置固定的垃圾收集装置,禁止随意丢弃,防止雨水淋溶。统一收集的垃圾委托当地环卫部门外运处理。

建筑垃圾主要是废建筑材料,如废混凝土块、废钢筋、砖块等。施工初期开挖、平整土地时会产生大量的废弃土石方。本项目不设永久弃渣场,但考虑各工程施工进度,挖方在转运过程中需要临时堆放,在施工现场选择平缓地带设临时弃渣场。临时堆放应严格按施工组织设计进行,如果无规则堆放,则会造成大面积土地被占用,而失去原有的使用功能,使植被、景观等遭受破坏。因此,废弃土石方应由管理部门统一调配,用于铺路、回填和其他地区的填方等,进行再利用,不得随意抛出堆放、侵压植被。

施工时在充分回收利用的基础上,对固体废物进行分类收集,统一外运。建筑垃圾在堆放时,应当采取防雨和防尘措施,并对地面进行硬化处理,防止雨水淋溶后污染地下水。

综上所述,施工期固体废物均能得到妥善处理,不排入环境。

3.3.2 运营期环境影响预测与评价

1. 地表水环境影响分析

建设项目运营期产生的废水主要为屠宰废水、生活废水、锅炉废水及车辆冲洗废水,全厂混合废水产生量共计约 675.92 m^3/d。通过"机械格栅 + 隔油 + 调节 + 混凝沉淀 + 气浮 + 厌氧 + 兼氧 + 接触氧化 + 沉淀 + 消毒"工艺处理后,废水污染物满足《污水排入城镇下水道水质标准》(GB/T 31962—2015)表 1 中 A 级标准,排入工业园区市政污水管网,最终进入工业园区某片区污水处理厂进行处理。项目采取的环保治理措施合理可行,处理工艺可行,处理规模大于项目废水产生量;据分析,周边市政污水管网具有可达性,某片区污水处理厂仍有容量,可以接纳项目废水,排入某片区污水处理厂具有可行性。项目污水不直接进入地表水,对地表水环境影响小。

2. 地下水环境影响分析

按照"源头控制、分区防控、污染监控、应急响应"的地下水环境保护原则,厂区可划分为重点防渗区、一般防渗区和简单防渗区。

重点防渗区防渗措施:重点防渗区主要包括污水管道、储存设施(储存液氨、次氯酸钠和二氧化氯)、危险废物暂存间、猪毛和肠胃内容物暂存间、废水沉淀池、各类废水收集池、调节池、污水处理站、化粪池、事故水池、隔油池、油水分离器,防渗层的防渗性能应等效于厚度 $\geqslant 6$ m,渗透系数 $\leqslant 1.0 \times 10^{-10}$ cm/s 的黏土层的防渗性能。一般防渗区包括待宰间、屠宰车间、汽化干燥车间、腌皮间、急宰间及收购办公室等,防渗效果达等效黏土防渗层 $Mb \geqslant 1.5$ m,$K \leqslant 1 \times 10^{-7}$ cm/s。除了重点、一般防渗区和绿化带以外的区域,地面进行一般硬化。

在运行期加强维护和管理的情况下,污废水、固体废物和环境风险物质发生渗漏或泄漏的可能性较小,即使发生地下水污染事件,只要采取积极有效的应急措施,项目的建设运营对地下水环境的影响是可控的,对地下水环境的影响从环保上来说是可接受的。

3. 大气环境影响分析

(1)大气环境影响估算情况

采用《环境影响评价技术导则　大气环境》(HJ 2.2—2018)中推荐的估算模式对各污染物的最大落地浓度及其落地距离进行估算。

本项目所有污染源正常排放的污染物的 P_{max} 和 $D_{10\%}$ 预测结果见表 3.16。

表 3.16　P_{max} 和 $D_{10\%}$ 预测结果一览表

污染源名称	评价因子	评价标准/$(\mu g/m^3)$	C_{max}/$(\mu g/m^3)$	P_{max}	$D_{10\%}$/m
汽化干燥车间肉粉干燥工序 3♯ 排气筒	有组织 PM_{10}	450	5.8250	1.2944%	——
待宰间和屠宰车间 1♯ 排气筒	有组织 NH_3	200	6.4977	3.2489%	——
	有组织 H_2S	10	0.4368	4.3680%	——
屠宰车间燎毛废气,通过 1♯ 排放筒排放	有组织 SO_2	500	0.0277	0.0055%	——
	有组织 NO_2	200	1.3039	0.6520%	——
污水处理站 2♯ 排气筒	有组织 NH_3	200	7.5940	3.7970%	——
	有组织 H_2S	10	0.2946	2.9460%	——
待宰间、屠宰车间、污水处理站等整个生产区(视为一个面源排放源)	无组织 NH_3	200	7.7135	3.8568%	——
	无组织 H_2S	10	0.4328	4.3280%	——

注:据建设单位提供的设计资料和实地勘察,本项目 200 m 半径范围内最高建筑物为本项目的 1♯ 车间,共 3 层,设计高度约为 18 m。

本项目 P_{max} 最大值出现在 1♯ 排气筒排放的 H_2S,P_{max} 为 4.3680%,最大落地浓度均未超过标准值的 10%,说明影响较小。

(2)恶臭影响分析

建设项目产生的恶臭物质主要为 NH_3、H_2S,其理化特征见表 3.17。

NH_3 为无色气体,有强烈的刺激气味,轻于空气,易被液化成无色的液体。对动物或人体的上呼吸道有刺激和腐蚀作用,使组织蛋白变性,使脂肪皂化,破坏细胞膜结构,减弱人体对疾病的抵抗力;短期接触 NH_3 后可能会出现皮肤色素沉积或手指溃疡等症状;长期吸入大量 NH_3 后可出现流泪、咽痛、声音嘶哑、咳嗽、痰带血丝、胸闷、呼吸困难,并伴有头晕、头痛、恶心、呕吐、乏力等症状,严重者可发生肺水肿、成人呼吸窘迫综合征,同时可能发生呼吸道刺激症状。

H_2S 是一种无机化合物,正常情况是一种无色、易燃的酸性气体,浓度低时带恶臭,气味如臭蛋;短期吸入高浓度的 H_2S 后出现流泪、眼痛、眼内异物感、畏光、视觉模糊、流涕、咽喉部灼烧感、咳嗽、胸闷、头痛、头晕、乏力、意识模糊等症状。重者可出现脑水肿、肺水肿症状,极高浓度(1000 mg/m^3 以上)时可在数秒内突然昏迷,发生闪电型死亡。高浓度接触眼结膜时,发生水肿和角膜溃疡。长期低浓度接触时,可引起神经衰弱综合征和植物神经功能紊乱。

表 3.17　恶臭物质理化特征

恶臭物质	嗅阈值/ppm	嗅阈值/(mg/m³)	臭气特征
NH_3	0.1	0.15	刺激味
H_2S	0.0005	0.00076	臭蛋味

注:1 ppm = 10^{-6}。

恶臭强度六级分级法见表 3.18。

表 3.18　恶臭强度分级法

强度	指　　标
0	无气味
1	勉强能感觉到气味(感觉阈值)
2	气味很弱但能分辨其性质(识别阈值)
3	很容易感觉到气味
4	强烈的气味
5	无法忍受的极强气味

各主要恶臭物质浓度与恶臭强度的关系见表 3.19。

表 3.19　恶臭物质浓度(ppm)与恶臭强度关系

恶臭物质	恶　臭　强　度　分　级						
	1	2	2.5	3	3.5	4	5
NH_3	0.1	0.6	1.0	2.0	5.0	10.0	40.0
H_2S	0.0005	0.006	0.02	0.06	0.2	0.7	3.0

对本项目恶臭物质预测评价结果进行分级,各场界恶臭强度范围为 1~2 级,正好处于感觉阈值附近,人的感觉不强烈。

根据预测计算结果,本项目厂区的 NH_3、H_2S 排放浓度满足《恶臭污染物排放标准》(GB 14554—93)二级标准限值要求。最大落地浓度接近 2 级阈值对应的物质浓度标准,属于勉强能感觉到气味(感觉阈值)或气味很弱但能分辨其性质(识别阈值)。

综上所述,本项目恶臭气体排放情况可以满足《恶臭污染物排放标准》(GB 14554—93)中新扩改建二级标准限值要求,但后期运行中建议加强恶臭气体排放管理。

4. 声环境影响分析

本项目夜间不生产,通过采取减振、吸声、消声等综合治理措施,有效降低生产设备(包括制冷站的压缩机,污水处理站的鼓风机、水泵和板框压滤机,循环水系统的循环水泵,屠宰车间的屠宰生产线设备,锅炉房的风机)的噪声影响。且项目周边 200 m 范围内无环境敏感点。经预测,项目厂界声环境可满足《工业企业厂界环境噪声排放标准》(GB 12348—2008)3 类标准,由此,项目建成后,在采取有效的控制措施后,新增噪声对其周围的环境影响不大。

5. 固体废物影响分析

本项目一般生产固体废物和生活固体废物采取委托处置或者外售的方式处理,病死猪和不可食用内脏则按《病死及病害动物无害化处理技术规范》(农医发〔2017〕25 号)得到合理处置,因此它们不会对环境产生二次污染,对环境影响小。

废润滑油、检验废液和废旧试剂、废 UV 灯管等危险废物暂存在厂区的危险废物暂存间内,委托有相应资质的危险废物处置单位进行处置。危险废物的暂存和处置满足《危险废物贮存污染控制标准》(GB 18597—2001)及 2013 年修改单相关要求,对环境影响小。

6. 环境风险分析

（1）风险调查

依据《建设项目环境风险评价技术导则》（HJ 169—2018）中附录 B 的表 B.1 和表 B.2，氨、硫化氢均为风险物质，氨和硫化氢产生后即排放，不存储，因此本项目不涉及风险物质。

（2）环境风险潜势划分

根据《建设项目环境风险评价技术导则》（HJ 169—2018）的相关规定，建设项目环境风险潜势划分为 Ⅰ、Ⅱ、Ⅲ、Ⅳ/Ⅳ⁺。

根据建设项目涉及的物质和工艺系统的危险性及其所在的环境敏感程度，结合事故情形下环境影响途径，对建设项目潜在环境危害程度进行概化分析，按照表 3.20 确定环境风险潜势。

表 3.20　建设项目环境风险潜势划分

环境敏感程度（E）	危险物质及工艺系统危险性（P）			
	极高危害（P1）	高度危害（P2）	中度危害（P3）	轻度危害（P4）
环境高度敏感区（E1）	Ⅳ⁺	Ⅳ	Ⅲ	Ⅲ
环境高度敏感区（E2）	Ⅳ	Ⅲ	Ⅲ	Ⅱ
环境高度敏感区（E3）	Ⅲ	Ⅲ	Ⅱ	Ⅰ

注：Ⅳ⁺ 为高环境风险。

（3）危害性的分级确定

根据《建设项目环境风险评价技术导则》（HJ 169—2018），计算项目所涉及的每种危险物质在厂界内的最大存在总量与其在附录 B（HJ 169—2018）中对应临界量的比值（Q）。在不同厂区的同一种物质，按其在厂界内最大存在总量计算。对于长输管线项目，按照两个截断阀室之间管段危险物质最大存在总量计算。

当只涉及一种危险物质时，计算该物质的总量与临界量比值，即为 Q；当存在多种危险物质时，则按下式计算物质总量与其临界量比值（Q）：

$$Q = \frac{q_1}{Q_1} + \frac{q_2}{Q_2} + \cdots + \frac{q_n}{Q_n}$$

式中，$q_1, q_2, \cdots, q_n$ 为每种危险物质的最大存在总量，t；$Q_1, Q_2, \cdots, Q_n$ 为每种危险物质的临界量，t。

当 $Q<1$ 时，环境风险潜势为 Ⅰ；当 $Q\geqslant1$ 时，将 Q 值划分为：① $1\leqslant Q<10$；② $10\leqslant Q<100$；③ $Q\geqslant100$。对照本项目生产过程所涉及各类危险物质的最大存在总量（生产场所使用量和储存量之和）和临界量比值计算：$Q=0$。因为 $Q<1$ 时，所以该项目环境风险潜势为 Ⅰ。

（4）环境风险评价等级

环境风险评价工作等级划分为一级、二级、三级。根据建设项目涉及的物质和工艺系统危险性及所在地的环境敏感性确定环境风险潜势，按照表 3.21 确定评价工作等级。风险潜势为 Ⅳ 及以上，进行一级评价；风险潜势为 Ⅲ，进行二级评价；风险潜势为 Ⅱ，进行三级评价；风险潜势为 Ⅰ，可开展简单分析。

表 3.21　建设项目评价工作等级划分表

环境风险潜势	Ⅳ、Ⅳ⁺	Ⅲ	Ⅱ	Ⅰ
评价工作等级	一级	二级	三级	简单分析ᵃ

注：ᵃ 是相对于详细评价工作内容而言，在描述危险物质、环境影响途径、环境危害后果、风险防范措施等方面给出定性的说明。

　　根据分析，本项目生产工艺过程不涉及有毒有害和易燃、易爆物质的生产、使用和贮运等，主要风险为污水处理站可能存在生产废水未经过处理直排或者超标排放，在落实相应风险防范措施下，本项目环境风险可接受。

思考题及参考答案

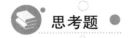 **思考题**

1. 如何根据项目背景资料确定环境影响评价文件类型？
2. 请根据项目资料进行环境影响识别及评价因子的筛选。
3. 请根据案例资料确定受该项目影响的环境要素的评价标准。
4. 请根据项目资料分别列出拟建项目应包括的评价工作内容、评价重点和评价时段。
5. 根据项目背景资料判断该项目各环境影响要素的评价工作等级、评价范围。
6. 请列出本项目主要环境影响及预防或者减轻不良环境影响的对策或措施。

 **参考答案**

　　1. 根据《中华人民共和国环境保护法》《中华人民共和国环境影响评价法》《建设项目环境保护管理条例》等相关法律法规及《建设项目环境影响评价分类管理名录》(2021 年版)的有关规定，拟建项目属于"十　农副食品加工业 13"中"18.屠宰及肉类加工 135"中的"年屠宰生猪 10 万头、肉牛 1 万头、肉羊 15 万只、禽类 1000 万只及以上的"，故环境影响评价类别为报告书，具体见表 3.22。

表 3.22　项目环境影响评价类别判断

项　目　类　别		环　评　类　别		
一级	二级	报告书	报告表	登记表
十　农副食品加工业 13	18.屠宰及肉类加工 135	年屠宰生猪 10 万头、肉牛 1 万头、肉羊 15 万只、禽类 1000 万只及以上的	其他屠宰；年加工 2×10⁴ t 及以上的肉类加工	其他肉类加工

　　2. 根据项目相关资料，拟建项目的环境影响识别及评价因子筛选如下：

（1）环境影响因素识别

在项目工程分析基础上，分析项目对自然环境和社会环境等因素可能造成的影响，建立环境影响核查表,具体见表3.23。

表3.23 环境影响核查表

	排污环节	主要污染物种类	受影响的环境要素	影响分析
施工期	土建施工	扬尘、施工噪声、施工废水、施工垃圾	环境空气、声环境、水环境、固体废物、生态环境	对各环境要素产生短期、不利影响
	设备安装与调试	设备噪声	声环境	
运营期	待宰车间、屠宰车间、加工车间、冷库及污水处理站	废气、废水、固体废物、噪声	环境空气、地表水、地下水、固体废物、声环境	对各环境要素产生长期、不利影响;对社会经济产生长期、有利影响

也可以根据本工程排污特点及周边区域环境特征,采用矩阵识别法对拟建项目在施工期和运营期产生的环境影响因素进行识别,结果见表3.24。

表3.24 环境影响因素识别表

时段	环境要素	污染因素	可能产生的影响分析
施工期	水环境	施工生活污水、施工生产废水	施工场地周围受到污染影响
	大气环境	施工扬尘、机械和车辆废气	可能造成局部大气环境的污染
	声环境	施工机械、车辆噪声	施工场地周边区域及运输路线两侧区域声环境受到影响
	固体废物	建筑垃圾、施工人员生活垃圾	若处置不当会对周围环境造成二次污染
	生态环境	开挖方、土地平整等施工作业	扰动地表,造成一定程度的水土流失
运营期	水环境	生产废水、生活污水、初期雨水	生活污水经化粪池和隔油池预处理,生产废水、初期雨水经污水处理站预处理后进入至某市某片区污水处理厂处理,一定程度上增加了污水处理厂的处理负荷
	大气环境	屠宰车间恶臭、污水处理站恶臭、燃气废气、食堂油烟	造成局部大气环境的污染
	声环境	设备噪声、猪叫声	造成厂区及周边声环境质量下降
	固体废物	病猪及带病部位、猪粪、猪毛、肠胃内容物、检疫固体废物、废离子交换树脂、污泥、员工生活垃圾等	若处置不当会对周围环境造成二次污染

（2）评价因子筛选

根据项目污染物排放特点和对环境影响因素的识别,确定本项目评价因子,具体见表3.25。

表 3.25　环境影响评价因子筛选一览表

环境因素	现状评价因子	预测评价因子	总量控制因子
环境空气	SO_2、NO_2、PM_{10}、$PM_{2.5}$、CO、O_3、NH_3、H_2S	颗粒物、二氧化硫、氮氧化物、NH_3、H_2S	烟粉尘、SO_2、氮氧化物
地表水环境	pH、COD、BOD_5、氨氮、SS、总氮、总磷、溶解氧、石油类、粪大肠菌群	COD、氨氮	COD、氨氮
地下水环境	pH、溶解性总固体、总硬度、耗氧量、氨氮、硝酸盐、亚硝酸盐、硫酸盐、氟化物、氰化物、氯化物、挥发性酚类、铁、锰、铅、镉、砷、汞、六价铬、总大肠菌群、菌落总数	—	—
声环境	L_{eq}(A)	L_{eq}(A)	—
固体废物	生产、生活固体废物的产生量、利用量、处置量(具体包括病死猪和检疫病疫胴体,肠胃内容物以及淋巴、蹄壳、皮下脂肪等残余物,猪毛,废油脂,污泥,废松香甘油酯,生活垃圾等固体废物)		—

　　本项目为新建项目,根据项目的污染物排放特征和周围情况,本评价对项目评价因子的筛选见表3.26。

表 3.26　评价因子一览表

类别	要素	评价因子
环境质量现状评价	地表水环境	水温、pH、溶解氧、COD、BOD_5、氨氮、总磷、总氮、SS、粪大肠菌群
	地下水环境	pH、溶解性总固体、总硬度、耗氧量、氨氮、硝酸盐、亚硝酸盐、硫酸盐、氟化物、氰化物、氯化物、挥发性酚类、铁、锰、铅、镉、砷、汞、六价铬、总大肠菌群、菌落总数
	环境空气	SO_2、NO_2、$PM_{2.5}$、PM_{10}、CO、O_3、H_2S、NH_3、臭气浓度
	声环境	等效连续 A 声级 L_{eq}
施工期污染源及环境影响评价	水污染源(生活污水、生产废水)	COD、BOD_5、氨氮、总磷、总氮、SS、粪大肠菌群
	大气污染源(扬尘、机械及汽车尾气)	SO_2、NO_2、$PM_{2.5}$、PM_{10}、CO、O_3
	噪声污染源	等效连续 A 声级 L_{eq}
	固体废物	建筑垃圾、生活垃圾

续表

类别	要素	评价因子
项目工程污染源评价	水污染源	pH、COD、BOD_5、SS、氨氮、总氮、总磷、动植物油
	大气污染源	H_2S、NH_3、臭气浓度、SO_2、NO_x
	噪声污染源	等效连续 A 声级 L_{eq}
	固体废物	工业固体废物、生活垃圾
环境影响预测与评价	水环境影响预测与评价	分析某市某片区污水处理厂接纳本项目污水的可行性
	大气环境影响预测与评价	H_2S、NH_3、SO_2、NO_x
	声环境影响预测与评价	等效连续 A 声级 L_{eq}
	固体废物环境影响预测与评价	工业固体废物、生活垃圾

3. 根据项目相关资料,受拟建项目影响的各环境要素所依据的评价标准如下:

(1) 环境质量标准

① 地表水

本项目最终污水排入受纳水体类型为Ⅲ类水体,应执行《地表水环境质量标准》(GB 3838—2002)Ⅲ类标准。具体标准限值见表 3.27。悬浮物参照执行《地表水资源质量标准》(SL 63—94)中三级标准(30 mg/L)。

表 3.27　地表水环境质量标准

单位:mg/L(水温、pH、粪大肠菌群除外)

项目	水温	pH	溶解氧	COD	氨氮	BOD_5	总磷	总氮	石油类	粪大肠菌群(个/L)
Ⅲ类标准	周平均最大温升≤1 ℃	6~9	≥5	≤20	≤1.0	≤4	≤0.2	≤1.0	≤0.05	≤10000

② 地下水

项目区域地下水环境执行《地下水质量标准》(GB/T 14848—2017)Ⅳ类标准。具体标准限值见表 3.28。

表 3.28　地下水质量标准

单位:mg/L(pH、总大肠菌群、菌落总数除外)

污染物名称	pH	溶解性总固体	总硬度	耗氧量	氨氮	硝酸盐	亚硝酸盐
Ⅳ类标准浓度限值	5.5≤pH<6.5 8.5<pH≤9.0	≤2000	≤650	≤10.0	≤1.50	≤30.0	≤4.80

污染物名称	硫酸盐	氟化物	氰化物	氯化物	挥发性酚类	铁	锰
Ⅳ类标准浓度限值	≤350	≤2.0	≤0.1	≤350	≤0.01	≤2.0	≤1.50

续表

污染物名称	铅	镉	砷	汞	六价铬	总大肠菌群/(CFU/100 mL)	菌落总数/(CFU/mL)
Ⅳ类标准浓度限值	≤0.10	≤0.01	≤0.05	≤0.002	≤0.10	≤100	≤1000

③ 环境空气

本项目所在区域属于环境空气质量二类功能区,执行《环境空气质量标准》(GB 3095—2012)二级标准。

项目运营期间产生废气特征污染因子为 NH_3、H_2S,执行《环境影响评价技术导则 大气环境》(HJ 2.2—2018)附录 D 中表 D.1 的空气质量浓度参考限值,具体见表 3.29。

表 3.29 环境空气质量标准

污染物名称	取值时间	二级标准浓度限值	单位	标准来源
二氧化硫(SO_2)	年平均	60	$\mu g/m^3$	《环境空气质量标准》(GB 3095—2012)二级标准
	24 h 平均	150		
	1 h 平均	500		
二氧化氮(NO_2)	年平均	40		
	24 h 平均	80		
	1 h 平均	200		
一氧化碳(CO)	24 h 平均	4	mg/m^3	
	1 h 平均	10		
臭氧(O_3)	日最大 8 h 平均	160	$\mu g/m^3$	
	1 h 平均	200		
颗粒物($PM_{2.5}$)	年平均	35		
	24 h 平均	75		
颗粒物(PM_{10})	年平均	70		
	24 h 平均	150		
总悬浮颗粒物(TSP)	年平均	200		
	24 h 平均	300		

续表

污染物名称	取值时间	二级标准浓度限值	单位	标准来源
NH₃	1 h 平均	200	μg/m³	《环境影响评价技术导则　大气环境》（HJ 2.2—2018）附录 D 中表 D.1
H₂S	1 h 平均	10		
臭气浓度	一次最高容许浓度	20	无量纲	《恶臭污染物排放标准》（GB 14554—93）"表 1　恶臭污染物厂界标准值"中"二级　新扩改建"

④ 声环境

项目位于工业园区内，区域声环境执行《声环境质量标准》（GB 3096—2008）3 类标准，具体见表 3.30。

表 3.30　声环境质量标准（L_{eq}）

单位：dB(A)

类别	昼间	夜间
3 类	65	55

（2）污染物排放标准

① 废水排放标准

本项目废水主要为屠宰废水及生活污水，经自建污水处理装置处理后，通过污水管网汇入某市某片区污水处理厂处理。根据排放方案，分别给出不同处理阶段废水排放标准，具体如下：

a.《肉类加工工业水污染物排放标准》（GB 13457—1992）。根据《肉类加工工业水污染物排放标准》（GB 13457—1992），排入设置二级污水处理厂的城镇下水道的废水，执行三级标准。故本项目外排废水执行《肉类加工工业水污染物排放标准》（GB 13457—1992）中的"表 3　1992 年 7 月 1 日起立项的建设项目及建成后投产的畜类屠宰加工"，排放标准见表 3.31。

表 3.31　畜类屠宰加工企业水污染物三级排放标准限值（1992 年 7 月 1 日后）

污染物	排放浓度/(mg/L)	排放总量/(kg/t(活屠量))
SS	400	2.6
BOD₅	300	2.0
COD	500	3.3
动植物油	60	0.4
氨氮	—	—
pH（无量纲）	6.0～8.5	
大肠菌群数/(个/L)	—	—
排水量/(m³/t(活屠重))	6.5（化制工序排水量未计入）	

续表

污染物		排放浓度/(mg/L)	排放总量/(kg/t(活屠量))
工艺参考指标	油脂回收率	>75%	
	血液回收率	>80%	
	肠胃内容物回收率	>60%	
	毛羽回收率	>90%	
	废水回收率	>15%	

b.《污水排入城镇下水道水质标准》(GB/T 31962—2015)。《污水排入城镇下水道水质标准》(GB/T 31962—2015)规定,根据城镇下水道末端污水处理厂的处理程度,将控制项目限值分为 A、B、C 三个等级。

采用再生处理时,排入城镇下水道的污水水质应符合 A 级的规定。

采用二级处理时,排入城镇下水道的污水水质应符合 B 级的规定。

采用一级处理时,排入城镇下水道的污水水质应符合 C 级的规定。

根据项目背景介绍可知,某生猪屠宰项目废水经处理后废水污染物满足《污水排入城镇下水道水质标准》(GB/T 31962—2015)中 A 级标准,具体指标限值见表 3.32。

表 3.32　污水排入城镇下水道水质控制项目限值

单位:mg/L(pH 无量纲)

污染物	pH	SS	BOD$_5$	COD	动植物油	氨氮(以 N 计)	总氮
排放浓度	6.5～9.5	400	350	500	100	45	70

c. 污水处理厂进水标准。根据某污水处理厂环境影响评价文件(注:若查不到相关环境影响评价文件的话,这部分进水标准可结合实地污水情况调研获知),该污水处理厂进水水质标准见表 3.33。

表 3.33　某污水处理厂进水水质标准

时段	污 染 物 浓 度/(mg/L)						
进水水质	pH	BOD$_5$	SS	COD	TP	氨氮	粪大肠杆菌数/(个/L)
	6～9	≤120	≤200	≤250	≤3.0	≤25	—

d. 本项目废水污染物排放标准。综合上述废水排放标准,确定本项目的废水排放标准,具体见表 3.34。

表 3.34　废水排放标准限值

单位:mg/L(pH 无量纲)

污染物	pH	SS	BOD$_5$	COD	动植物油	氨氮(以 N 计)	TP	总氮
浓度	6.5～8.5	200	120	250	60	25	3.0	70

② 废气排放标准

项目施工期产生的废气以施工扬尘为主,以无组织排放为主要特征,执行《大气污染物综合排放标准》(GB 16297—1996)中的无组织排放监控浓度限值,见表 3.35。

表 3.35　施工期大气污染物综合排放标准限值

污染物	无组织排放监控浓度	
	监控点	浓度/(mg/m³)
颗粒物	周界外浓度最高点	1.0

项目运营期废气主要为屠宰车间内的待宰区、屠宰区、污水处理站等设施产生的 NH_3、H_2S、臭气。其中 NH_3、H_2S、臭气执行《恶臭污染物排放标准》(GB 14554—93)"表 1　恶臭污染物厂界标准值"中的"二级　新扩改建"的二级标准和"表 2　恶臭污染物排放标准值"。

根据《大气污染物排放限值》(DB44/T 27—2001)对排气筒高度的要求:"4.3.2.3　排气筒高度除应遵守列表排放速率限值外,还应高出周围 200 m 半径范围的建筑 5 m 以上",据建设单位提供的设计资料和实地勘察,本项目 200 m 半径范围内最高建筑物为本项目的 1#车间,共 3 层,设计高度约为 18 m,因此本项目所有废气排气筒高度需至少设置为 23 m。

根据《恶臭污染物排放标准》(GB 14554—93)中排气筒高度与标准取值要求:"6.12　凡在表 2 所列两种高度之间的排气筒,采用四舍五入方法计算其排气筒的高度。"

本项目排气筒从地面(零地面)起至排气口的垂直高度为 23 m,采用四舍五入方法计算排气筒的高度为 20 m,因此 NH_3、H_2S 两个因子按 20 m 排放高度取值。臭气浓度对应的排气筒高度取值只有 15 m 和 25 m,无 20 m 排放高度对应的标准值,评价仍按 15 m 排放高度取值,具体见表 3.36。

表 3.36　废气排放限值

序号	控制项目	标准限值		厂界浓度限值/(mg/m³)
		排放高度/m	排放速率/(kg/h)	
1	NH_3	20	8.7	1.5
2	H_2S	20	0.58	0.06
3	臭气浓度	15	2000(无量纲)	20(无量纲)

建设项目的生物质蒸汽锅炉燃烧废气参照《锅炉大气污染物排放标准》(GB 13271—2014)大气污染物特别排放浓度限值中"燃煤锅炉"限值,见表 3.37。

表 3.37　大气污染物特别排放限值

单位:mg/m³

污染物项目	限值	污染物排放监控位置	烟囱高度
	燃煤锅炉		
颗粒物	30	烟囱或烟道	15 m
二氧化硫	200		
氮氧化物	200		
汞及其化合物	0.05		
烟气黑度(林格曼黑度,级)	≤1	烟囱排放口	

（3）噪声排放标准

施工期噪声排放执行《建筑施工场界环境噪声排放限值》（GB 12523—2011）标准限值，即昼间≤70 dB(A)，夜间≤55 dB(A)。

运营期厂界噪声排放执行《工业企业厂界环境噪声排放标准》（GB 12348—2008）3 类标准限值，即昼间≤65 dB(A)，夜间≤55 dB(A)。

（4）固体废物

项目产生的一般工业固体废物执行《一般工业固体废物贮存和填埋污染控制标准》（GB 18599—2020）相关规定。

危险废物要求按照《危险废物贮存污染控制标准》（GB 18597—2001）及其 2013 年修订单执行。

4. 根据项目资料，该拟建项目应包括的评价工作内容、评价重点和评价时段如下：

（1）评价工作内容

根据项目的性质和周围环境的自然和社会条件，该拟建项目评价工作内容应包括总则、项目概况、工程分析、建设项目环境概况、环境影响评价、环境保护措施及其可行性论证、环境经济损益分析、环境管理和环境监测计划、项目结论及建议。

（2）评价重点

根据建设项目的性质和污染特征的分析结果，结合当地环境特点，确定本次环评的重点如下：工程分析及污染核算，大气、地表水、地下水、环境风险和固体废物环境影响评价，环境保护措施及其可行性分析，项目选址合理性分析。

本项目主要关注的环境问题是项目建设时和投入营运后主要污染物的产生、控制和环境风险，具体如下：

① 建设项目排放废气对周围环境的影响，提出污染防治对策与措施，同时兼顾废水、噪声和固体废物对周围环境的影响分析及防治措施。

② 生产过程中的环境风险及采取的应急措施和应急预案。

（3）评价时段

本项目为新建项目，评价时段为施工期和运营期，以运营期为重点。

5. 根据项目背景资料判断该项目各环境影响要素的评价工作等级、评价范围情况如下：

（1）评价工作等级

根据各要素环境影响评价技术导则的评价分级要求，结合工程特点和评价区域环境特征，确定本项目大气环境、地表水环境、地下水环境、声环境、生态环境、环境风险及土壤环境的评价工作等级。

① 大气环境

根据《环境影响评价技术导则　大气环境》（HJ 2.2—2018），占标率计算公式如下：

$$P_i = C_i / C_{0i} \times 100\%$$

式中，P_i 为第 i 个污染物的最大地面浓度占标率，%；C_i 为采用估算模式计算出的第 i 个污染物的最大 1 h 地面空气质量浓度，mg/m³；C_{0i} 为第 i 个污染物的环境空气质量浓度标准，mg/m³。

C_{0i} 选用 GB 3095 中 1 h 平均取样时间的二级标准的浓度限值；对于仅有 8 h 平均质量

浓度限值、日平均质量浓度限值或年平均质量浓度限值的,可分别按 2 倍、3 倍、6 倍折算为 1 h 平均质量浓度限值。

环境影响报告书的项目在采用估算模式计算评价等级时,应输入地形参数。

根据本项目所有污染源正常排放的污染物的 P_{max} 和 $D_{10\%}$ 预测结果可知,本项目 P_{max} 最大值出现在待宰间和屠宰车间 1# 排气筒排放的 H_2S,P_{max} 为 4.3680%,C_{max} 为 0.4368 $\mu g/m^3$,根据《环境影响评价技术导则　大气环境》(HJ 2.2—2018)(表 3.38),确定本项目大气环境影响评价工作等级为二级。

表 3.38　评价工作等级判据表

评价工作等级	评价工作分级判据
一级	$P_{max} \geqslant 10\%$
二级	$1\% \leqslant P_{max} < 10\%$
三级	$P_{max} < 1\%$

② 地表水环境

根据《环境影响评价技术导则　地表水环境》(HJ 2.3—2018)中的评价等级规定,水污染影响型建设项目根据排放方式和废水排放量划分评价等级,直接排放建设项目评价等级分为一级、二级和三级 A,根据废水排放量、水污染物污染当量数确定;间接排放建设项目评价等级为三级 B。评价等级判定见表 3.39。

表 3.39　水污染影响型建设项目评价等级判定

评价等级	判　定　依　据	
	排放方式	废水排放量 $Q/(m^3/d)$;水污染当量数 $W/$(无量纲)
一级	直接排放	$Q \geqslant 20000$ 或 $W \geqslant 600000$
二级	直接排放	其他
三级 A	直接排放	$Q < 200$ 且 $W < 6000$
三级 B	间接排放	—

本项目废水经自建污水处理站处理后,经污水管网排入某市某片区污水处理厂处理,属于间接排放。

根据《环境影响评价技术导则　地表水环境》(HJ 2.3—2018)的规定,确定地表水环境评价工作等级为三级 B。

③ 地下水环境

根据《环境影响评价技术导则　地下水环境》(HJ 610—2016)附录 A,本项目为"98　屠宰""年屠宰 10 万头畜类(或 100 万只禽类)及以上",属于地下水环境影响评价项目类别Ⅲ类项目。

建设项目地下水环境影响敏感程度可分为敏感、较敏感、不敏感三级,分级见表 3.40。

表 3.40　地下水环境敏感程度分级表

敏感程度	项目场地的地下水环境敏感特征
敏感	集中式饮用水水源(包括已建成的在用、备用、应急水源,在建和规划的饮用水水源)准保护区;除集中饮用水水源以外的国家或地方政府设定的与地下水环境相关的其他保护区,如热水、矿泉水、温泉等特殊地下水资源保护区
较敏感	集中式饮用水水源(包括已建成的在用、备用、应急水源,在建和规划的饮用水水源)准保护区以外的补给径流区;未划定准保护区的集中式饮用水水源,其保护区以外的补给径流区;分散式饮用水水源地;特殊地下水资源(如热水、矿泉水、温泉等)保护区以外的分布区等其他未列入上述敏感分级的环境敏感区
不敏感	上述地区之外的其他地区

注:"环境敏感区"是指《建设项目环境影响评价分类管理名录》中所界定的涉及地下水的环境敏感区。

建设项目地下水环境影响评价工作等级划分见表 3.41。

表 3.41　评价工作等级分级表

敏感程度	Ⅰ类项目	Ⅱ类项目	Ⅲ类项目
敏感	一	一	二
较敏感	一	二	三
不敏感	二	三	三

本项目属于Ⅲ类项目,据调查,本项目周边无涉及地下水的环境敏感区,根据《环境影响评价技术导则　地下水环境》(HJ 610—2016)"表1　地下水环境敏感程度分级表"中的分级原则,本项目地下水环境敏感特征为不敏感。根据《环境影响评价技术导则　地下水环境》(HJ 610—2016),结合表 3.41,确定地下水评价等级为三级评价。

④ 声环境

按照《环境影响评价技术导则　声环境》(HJ 2.4—2021),噪声评价工作等级判定的依据为建设项目所在区域的声环境功能区类别,或建设项目建设前后评价范围内声环境保护目标噪声级增高量,或受建设项目影响的人口数量。声环境影响评价工作等级划分详见表 3.42。

表 3.42　声环境影响评价工作等级划分表

工作等级	划　分　依　据		
	声环境功能区类别	声环境保护目标噪声级增高量	受影响人口数量
一级	0 类	>5 dB(A)	显著增多
二级	1 类、2 类	3~5 dB(A)	增加较多
三级	3 类、4 类	<3 dB(A)	变化不大

本项目区域声环境功能区为 3 类区,项目厂界 200 m 范围内无零散居民敏感点。根据《环境影响评价技术导则　声环境》(HJ 2.4—2021),声影响评价工作等级为三级。

⑤ 生态环境

项目总占地面积为 8351 m²，占地面积＜2 km²，用地性质为工业用地。项目区周边不涉及饮用水水源保护区、自然保护区、风景名胜区、世界自然与文化遗产地、森林公园、重点文物保护单位等特殊及重要生态敏感区，据调查评价范围内无濒危野生动植物，属生态一般区域。据《环境影响评价技术导则　生态影响》(HJ 19—2022)评价等级判定，本项目生态环境评价等级为三级。

⑥ 环境风险

根据项目背景资料可知，该建设项目风险潜势为Ⅰ，结合《建设项目环境风险评价技术导则》(HJ 169—2018)中评价工作等级划分原则(表 3.43)，该项目的评价工作等级为简单分析。

表 3.43　建设项目评价工作等级划分表

环境风险潜势	Ⅳ、Ⅳ⁺	Ⅲ	Ⅱ	Ⅰ
评价工作等级	一级	二级	三级	简单分析ᵃ

注：ᵃ 是相对于详细评价工作内容而言，在描述危险物质、环境影响途径、环境危害后果、风险防范措施等方面给出定性的说明。

⑦ 土壤环境

项目总占地面积为 8351 m²，项目占地为工业园区规划工业用地，土壤环境敏感性为不敏感。根据《环境影响评价技术导则　土壤环境(试行)》(HJ 964—2018)"附录 A　土壤环境影响评价项目类别表"，本项目未列入附录 A.1 中的"Ⅰ、Ⅱ、Ⅲ类项目"，确定为"农林牧渔业"中的"其他"行业，为Ⅳ类项目。

根据《环境影响评价技术导则　土壤环境(试行)》(HJ 964—2018)，Ⅳ类建设项目可不开展土壤环境影响评价。本项目土壤环境不设评价等级。

(2) 评价范围

根据建设项目污染物排放特点及当地气象条件、自然环境状况，结合各要素导则的要求，各环境要素评价范围见表 3.44。

表 3.44　评价范围一览表

评价内容		评 价 范 围
大气环境	现状评价	以项目厂址为中心，边长为 5 km 的矩形区域
	影响分析	
地表水环境	现状评价	长江某段上游 500 m 到长江某段下游 2000 m
	影响分析	
声环境	现状评价	厂界噪声
	影响分析	项目厂界外 1 m 范围及 200 m 范围内的敏感目标
地下水环境	现状评价	厂区外独立水文地质单元内的地下水，评价范围约 6 km²
	影响分析	
生态环境	现状评价	项目占地区域及厂界外延 200 m 的区域
	影响分析	

续表

评价内容		评 价 范 围
环境风险评价	—	大气环境风险评价范围定为以厂区为中心半径为 3 km 的范围;地表水环境风险评价范围同地表水评价范围;地下水环境风险评价范围同地下水评价范围
土壤评价	—	不设评价范围

6. 本项目主要环境影响及预防或者减轻不良环境影响的对策和措施如下:

(1) 废气

待宰车间、屠宰车间及污水处理站所产生的恶臭气体主要为 NH_3、H_2S 等,根据《屠宰与肉类加工废水治理工程技术规范》(HJ 2004—2010)的相关要求,企业对待宰车间和屠宰车间采用封闭建设;对于污水处理站有恶臭源的处理单元(调节池、进水泵站、厌氧、污泥储存、污泥脱水等)应采取以下措施:在水处理池加盖板密闭起来,盖板上预留进、出气口,把处于自由扩散状态的气体组织起来,收集效率达到 90% 以上,并经低温等离子体除臭装置处理,处理效率 90% 以上。处理后的废气经高度不低于 15 m 的排气筒排出。经距离扩散后,可减轻其对周围环境的影响,达到《恶臭污染物排放标准》(GB 14554—1993)厂界标准值中的新改扩建项目二级标准的限值规定。

建设单位采用布袋除尘器对生物质锅炉废气进行除尘处理,并采用低氮燃烧,处理后通过 15 m 高的排气筒外排,其排放浓度满足《锅炉大气污染物排放标准》(GB 13271—2014)大气污染物特别排放浓度限值中"燃煤锅炉"限值。

项目位于环境质量非达标区,评价范围内无一类区。根据本项目所有污染源的正常排放污染物的 P_{max} 和 $D_{10\%}$ 预测结果可知,本项目 P_{max} 最大值出现在待宰间和屠宰车间 1# 排气筒排放的 H_2S,P_{max} 为 4.3680%,C_{max} 为 0.4368 $\mu g/m^3$。根据《环境影响评价技术导则 大气环境》(HJ 2.2—2018)分级判据,确定本项目大气环境影响评价工作等级为二级,二级评价项目不进行进一步预测与评价,只对污染物排放量进行核算。大气环境影响评价范围的边长取 5 km。项目正常情况下排放的大气污染物对大气环境影响可接受,项目大气污染物排放方案可行。另外,项目需设置 100 m 环境防护距离(以项目厂界外计),经过现场勘查,厂界外 100 m 环境防护距离范围内无居民等敏感目标。同时项目运营后,卫生防护距离内不得建设居民、学校、食品加工企业等敏感性建设,满足设置要求。

(2) 废水

建设项目产生的废水主要为屠宰废水、生活污水等,全厂废水具有浓度高、杂质和悬浮物多、可生化性好等特点。另外,它与其他高浓度有机废水的最大不同在于它的总氮浓度较高,因此在工艺设计中充分考虑总氮对废水处理造成的影响。

另外建设项目全厂废水经厂区污水处理站处理达到《肉类加工工业水污染物排放标准》(GB 13457—92)后,通过污水管网汇入某市某片区污水处理厂处理,不外排。

综合以上考虑并参照《屠宰与肉类加工废水治理工程技术规范》(HJ 2004—2010)和《排污许可证申请与核发技术规范 农副食品加工工业——屠宰及肉类加工工业》(HJ 860.3—2018)中相关要求,本项目采用"机械格栅 + 隔油 + 调节 + 混凝沉淀 + 气浮 + 厌氧 + 兼氧 + 接触氧化 + 沉淀 + 消毒"作为主体工艺,设计处理量为 700 m^3/d,其具体污水处理工艺流程图如图 3.1 所示。

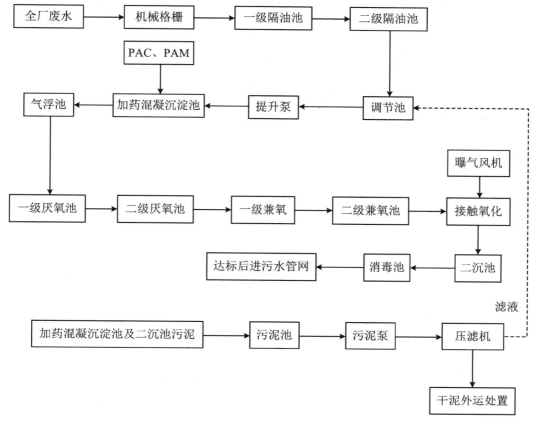

图 3.1　建设项目污水处理工艺流程图

（3）噪声

本项目通过选用低噪声设备,对高噪声设备隔声、减振,加隔声罩,加强绿化等措施减少噪声对外环境的影响,使其厂界噪声满足《工业企业厂界环境噪声排放标准》(GB 12348—2008)2 类、4 类标准,尽可能降低其对周围声环境的影响。

（4）固体废物

本项目病死猪和不可食用内脏按《病死及病害动物无害化处理技术规范》及卫生防疫部门的要求处理,严禁随意丢弃,严禁出售或作为饲料再利用。企业委托某环保科技有限公司无害化处置;猪粪和污水处理站隔渣及污泥由厂区暂存,每日一清,最后由农民运走作肥料;猪血可制成血粉或作生产饲料原料,外售进行综合利用;猪鬃外售进行综合利用;蹄尾、猪头、猪板油、可食用内脏等可外售进行综合利用;猪胃内容物基本是未消化的肥料,由当地农户承包自行运走,添加适量营养素,作为肥料;生活垃圾日产日清,由环卫部门统一清理。

（5）地下水

本项目地下水污染防治措施坚持源头控制的原则,即采取主动控制和被动控制相结合的措施。从源头控制,包括对生产装置区、污水输送管沟等建筑,采取防渗措施,降低和防止污染物跑、冒、滴、漏,将污染物泄漏的环境风险事故降到最低程度。

本次评价厂区防渗区域分为非污染防治区、一般防渗区和重点防渗区。全厂范围内生产和生活均不使用地下水,在做好上述防渗措施后,项目的建设对地下水环境影响较小。

（6）环境风险

根据分析，本项目生产工艺过程不涉及有毒有害和易燃、易爆物质的生产、使用和贮运等，主要风险为污水处理站可能存在生产废水未经过处理直排或者超标排放（事故性排放）的风险，具体见表3.45。在落实相应风险防范措施下，本项目环境风险可接受。

表3.45 建设项目环境风险简单分析内容表

建设项目名称	某食品有限公司30万头生猪屠宰及加工项目			
建设地点	某省某市某镇某工业园区			
地理坐标	经度	×	纬度	×
主要危险物质及分布	—			
环境影响途径及危害（大气、地表水、地下水等）	建设项目环境风险事故主要为污水处理站事故性排放			
风险防范措施	污水处理站的事故来源于设备故障、检修或由工艺参数改变而导致的处理效果变差，其防治措施如下： ① 配备足够的备用设备和应急零部件。加强污水处理站设备的维修与保养，要求设施的管理人员规范化操作，对泵、阀门等定期检修维护，防止突发事件发生。 ② 制定污水处理站污染事故应急预案，实行污染事故应急处理分级负责制，层层落实责任人，并建立应对突发事故的机制和措施。 ③ 在尾水排放口安装水质自动监测系统进行24 h在线监测，及时调整运行参数，确保稳定达标排放。 ④ 本项目应在污水处理站区域设置事故应急水池，如有事故发生，第一时间停止外排，考虑事故应急池贮存1 d的污水量（体积需大于337.96 m³）。在结合项目平面布局及利用污水处理站隔油调节池（体积为120 m³）的基础上，确定本项目事故应急池体积为220 m³。 ⑤ 加强运行管理和进出水的监测工作，未经处理达标的污水严禁外排。 ⑥ 加强事故苗头监控，定期巡检、调节、保养、维修，及时发现有可能引起事故的异常运行苗头，消除事故隐患			
结论	根据分析，本项目生产工艺过程不涉及有毒有害和易燃、易爆物质的生产、使用和贮运等，主要风险为污水处理站可能存在生产废水未经过处理直排或者超标排放。在落实本报告提出的风险防范措施下，本项目环境风险可接受			

案例 4 某矿点退役治理工程环境影响评价分析案例

为全面贯彻落实科学发展观,牢固树立创新、协调、绿色、开放、共享的新发展理念,严格按照"绿水青山就是金山银山"的总要求,切实做好矿山生态环境建设工作,进一步促进经济社会与生态环境协调发展,各地均在积极开展矿山环境恢复治理工作,以修复山体、消除安全隐患、绿化环境、恢复生态为重点内容,努力实现生态效益、经济效益和社会效益的协调发展,确保当地环境质量的提升。基于此,这里将某矿点退役治理工程作为环境影响评价分析案例,以便学生掌握该类工程环境影响评价的基本要求。

随着经济的发展,对能源越来越高的需求促进了我国矿业的迅猛发展,同时也产生了许多废弃矿山。而矿山生态环境治理与修复是深入打好污染防治攻坚战的重要构成内容之一。"十二五"以来,在国家相关政策的引导、推进和规范下,国家财政专项资金和社会资本大量投入,我国矿山生态环境治理与生态修复得到了快速发展,取得了显著成效。截至目前,已有 26 个省(市、区)发布了省级生态环境保护"十四五"规划,其中多对矿山环境污染防治与生态修复方面进行了部署。

环境影响评价是一门理论与实践相结合的适用性、综合性均很强的学科,是人们认识环境的本质和进一步保护与改善环境质量的手段与工具。该课程的教学目标是,学生在掌握一定环境影响评价理论知识的基础上,通过融会贯通的独立思考,将基础理论与实践相结合,把书本知识运用到实际的项目环境影响评价当中,进而掌握环境影响评价的工作程序以及区域环境现状调查、工程分析和环境影响预测评价的技术方法,初步具有编写环境影响评价文件的能力。

为贯彻落实 2022 年教育部《绿色低碳发展国民教育体系建设实施方案》和《加强碳达峰碳中和高等教育人才培养体系建设工作方案》通知中提出的"以高等教育高质量发展服务国家碳达峰碳中和专业人才培养需求"宗旨,长江师范学院绿色智慧环境学院环境科学教学团队积极整合有关教学资源,以某矿点退役治理工程为评价对象进行案例剖析,开发整理出"某矿点退役治理工程环境影响评价分析案例"。让学生在掌握退役矿点环境安全问题的产生及防控、管理知识的同时,重点掌握环境影响评价工作流程及工作要点。

4.1 项目概况

4.1.1 项目由来

某地质总局于 1997 年组建队伍进驻某矿点开展铀矿采冶工作,并于 2020 年停止了该矿点的采冶工作,经过 3 年的"水冶尾渣回收"后,该矿点于 2023 年进入全面关停状态。

目前,该矿点地表遗留有坑(井)口、露天采场废墟、废石(渣)堆、尾渣堆、工业场地、建(构)筑物、污染设备等各类污染设施,其通过各种途径和方式向环境释放废气、流出废水,对周围环境构成了潜在的危害。

根据《中华人民共和国环境保护法》《中华人民共和国放射性污染防治法》等法规,为贯彻落实习近平总书记"两山"理论,保障当地环境安全和公众健康,应基于"放射性废物最小化"和"放射性固体废物集中处置"的原则,对已关停的某矿点遗留的铀矿地质勘探、采冶设施进行全面退役治理。该项目实施完成后,将有力改善当地生态环境、造福百姓,具有良好的环境效益和社会效益。

本案例以某矿点退役治理工程为评价对象进行案例剖析,希望通过该项目的分析,学生能够深入理解建设项目环境影响评价分类管理,具备识别退役矿点项目治理工程施工过程中对周围环境的辐射及非放射性影响的能力;具备分析评价建设项目环境影响的方法及技能;掌握分析项目污染物排放特征(污染物种类、数量、排放方式及排放规律等),进而提出污染防治对策与措施的能力;对退役矿点永久终止运行的设施、各类废物和其他危害环境的各类污染源进行妥善处理或处置,使其长期处于相对无害、安全稳定的状态,对生态环境不造成危害;通过消除或大幅度减少放射性物质对环境的污染,最大限度地降低公众的辐射照射剂量,保护公众的健康与安全;通过尽可能恢复铀矿开采破坏的地形地貌及自然景观,保护生态环境,并从环境影响角度为主管部门决策提供科学依据。

4.1.2 项目情况

1. 项目名称

某矿点退役治理工程。

2. 建设单位

某核工业地质局。

3. 项目性质

铀矿地质勘探、退役治理。

4. 建设地点

某省某市某镇境内(本项目拟选取某湖矿点废石堆原址作为尾渣库,库区内无滑坡、坍塌等不良地质作用,岩体揭露范围内无洞穴或软弱夹层,稳定性较好;地层由上至下为尾砾砂层、素填土、第四系全新统残积层和基岩,基岩为侏罗纪火山碎屑岩,地质条件较好;库区岩层岩体节理裂隙发育一般,岩石完整性较好)。

5．项目投资

6000 万元。

6．建设周期

2 年。

7．退役原因

本项目退役治理的某矿点生产时期属于小矿点采冶规模与试验验证性质,停闭后的退役治理阶段,属于指令性终产关停、永久终止性善后治理、废物处置和环境整治工程。

该矿点关停后,在所属区域遗留了一定数量的勘探、采冶设施及污染源项,其中坑(井)口有 ^{222}Rn 气逸出,存在误入或坠入的安全隐患;废石(渣)堆、尾渣堆等 ^{222}Rn 析出率超出管理限值,不断向外释放 ^{222}Rn 及其子体,对当地环境构成了潜在的危害;被污染的建(构)筑物、设备管线等在无人看管后,可能会被当地居民使用,进而导致当地居民直接或间接受到辐射危害。因此,要对其进行全面、有效的环境治理,以保持环境清洁和保护公众健康与安全。

8．退役治理内容

某矿点全部设施及污染的周围环境。主要治理源项类型包括坑(井)口、露天采场废墟、废石(渣)堆、工业场地、尾渣堆、污染设备、污染管线、建(构)筑物和污染道路等。拟进行退役治理的项目见表 4.1。

表 4.1　拟退役治理项目一览表

序号	源项类型	某矿点
1	坑(井)口/个	14
2	露天采场废墟/个	1
3	废石(渣)堆/个	7
4	尾渣堆/个	1
5	工业场地/处	1
6	污染道路/m	190
7	污染设备/(台/件)	40
	污染管线/m	11000
8	建(构)筑物/座	35

9．退役治理目的

本项目退役治理最终目的是防止各类有害物流失,极大减少各类流出物排放,还当地一个优良的生态环境,改善环境质量,保护公众健康、杜绝安全隐患,维护社会稳定和人心安定。具体如下:

(1)防止坑(井)口氡气外逸和废水外流所带来的危害,保护当地居民生产、生活安全,防止人、畜坠入井口、误入坑道而造成意外伤害。

(2)保持露天采场、废物集中处置设施的长期稳定,防止由于自然力或其他原因引起垮塌流失,造成环境污染事故,同时改善当地的自然生态环境。

(3)使采冶遗留污染设备处于可控状态,防止流失而造成环境污染。

(4)合理降低公众的辐射剂量,使退役治理各项指标满足国家和行业的相应标准;治理后的环境质量与公众安全,应满足国家和行业的各项规定、标准和规范。

（5）防止水土流失,使治理范围内的生态环境得以基本改善。

10. 退役治理范围

本项目退役治理范围为某矿点全部设施及污染的周围环境。此外,本退役治理工程在某矿点 X1 废石堆原址形成尾渣库(设计库容 3.3×10^5 m³),作为本项目所有放射性废物的集中处置场所,并在接纳污染物后对其进行覆盖、稳定化治理(尾渣库位于一个三面环山的沟谷内,根据其所处的水文地质单元,以尾渣库为中心,上游及两侧均延伸至山脊处。尾渣库下游向北地势逐渐降低,至某湖小溪处达到最低点,随后地势又抬升)。

11. 退役治理深度

本退役治理工程总体目标为对某矿点进行退役治理,治理后的设施场地达到国家环境保护有关标准要求,治理范围内的生态环境得到基本改善。

本项目通过退役治理,可达到防止各类有害物流失,减少各类流出物,改善治理范围内的生态环境,保护公众健康的目的。对于退役治理后达到有限制开放使用的场所或设施,不得盗掘废石(渣),不得随意变动、削弱或破坏有关的退役整治设施,如覆盖层、拦渣坝、挡土墙或封堵墙、溢洪道、截排水沟、边坡防护等损毁活动,不得用于与食物链有关的活动,不得长时间居留(如建房居住等),并按照国家有关规定及要求进行长期监护。

各退役源项所能达到的治理深度见表 4.2。

表 4.2　各退役源项所能达到的治理深度一览表

各退役源项		退役治理主要方法及目标	退役治理深度
有水坑口(1 个)		有效封堵,杜绝^{222}Rn 气的逸出,控制废水外流;严禁随意打开	有效封堵,防止^{222}Rn 气外逸,控制废水外流,保护公众健康与安全
无水坑口(7 个)		有效封堵,杜绝井下^{222}Rn 气的逸出;严禁随意打开	
浅(竖)井(6 个)			
露天采场废墟(1 个)		原地覆盖治理,植被、稳定化治理	有限制开放使用
废石堆	X1 废石堆	原址形成尾渣库,作为本项目放射性废物的集中受纳场所,回填压实后覆土、植被、稳定化	有限制开放使用
	其余 6 个废石堆	全部清挖治理,污染物全部运至尾渣库集中处置,治理后原址^{226}Ra 含量达到管理限值内	无限制开放使用
尾渣堆(1 个)		全部清挖治理,污染物全部运至尾渣库集中处置,治理后原址^{226}Ra 含量达到管理限值内	无限制开放使用
工业场地(1 处)			
污染道路(190 m)			
污染设备(40 台/件)		金属材质的送至核工业铀矿冶放射性污染金属熔炼处理中心(某厂)进行熔炼处理,非金属材质的运至尾渣库填埋处置	—
污染管线(11000 m)			
建(构)筑物(35 座)		拆除后污染的建筑垃圾运至尾渣库处置;未污染的建筑垃圾运至某市某县某镇建筑垃圾填埋场处置	原址无限制开放使用

12．退役设施概述

（1）某湖矿点属于小矿点采冶规模与试验验证性质，采冶及尾渣回收工作结束后，该矿点的地表遗留设施主要为14个坑（井）口、1个露天采场废墟、7个废石堆、1个尾渣堆、1处工业场地、35座建（构）筑物、40台/件设备和11000 m管线以及1条污染道路。

（2）生产期间工艺及"三废"排放

① 水冶工艺

某湖矿点生产期间铀水冶工艺流程为矿石破碎—堆浸浸出—吸附—淋洗—沉淀压滤。该矿点水冶及其他辅助设施主要包括破碎房、堆浸场、原液池、尾液池、喷淋池、产品库等生产建（构）筑物，石灰房、清水池、澄清池、炸药库、化验室、发电机房等配套建（构）筑物，淋浴室、住房、仓库、厨房等生活场地设施。

② 生产时期放射性"三废"排放

本项目生产期产生的放射性"三废"主要包括放射性废气、放射性废水及放射性固体废物。

放射性废气主要来自坑（井）口、堆浸场和废石堆表面析出的^{222}Rn，该湖矿点释放的^{222}Rn约为$4.96×10^{12}$ Bq/a。

放射性废水主要为堆浸工艺废水（吸附尾液、沉淀母液）。其中堆浸液经吸附塔吸附后的吸附尾液，75%重新配酸进入堆浸场喷淋，25%进入废水澄清池；沉淀母液50%重新分配到树脂吸附塔，另外50%进入废水澄清池。上述废水先进入废水澄清池经中和沉淀，pH调至6～9，上清液中铀含量≤0.3 mg/L，镭含量≤1.1 Bq/L后外排至某小溪或某河，排放量约为2200 m³/a。

生产期放射性固体废物主要来自矿井开采产生的废石和堆浸试验生产遗留的尾（废）渣。某湖矿点生产时期产生的废石总量为10^5 t，尾渣量为$1.1×10^5$ t。

（3）生产时期放射性"三废"处理措施

① 对于放射性固体废物，设计有专门场地如废石堆、堆浸场等集中堆放，以减少扩散和对环境的影响。

② 对于堆浸工艺废水，配置废水处理设施，处理工艺为石灰乳中和法，采用两级并联废水澄清池，调节废水pH至6～9并沉淀大量杂质。废水经中和澄清后，检测上清液满足相应排放标准后排至某湖小溪或某河内。某矿点废水澄清池（尾液池）尺寸为15.3 m×3.1 m×1.6 m，处理能力约为15 m³/d。

13．项目辐射环境评价范围

根据《环境影响评价技术导则　铀矿冶退役》（HJ 1015.2—2019），并考虑本次退役治理工程的实际情况，本次评价范围是以退役治理后对居民影响最大的气载流出物源项（某矿点尾渣库）为评价中心，半径为20 km的区域。

14．项目非放射性环境影响

（1）大气环境

本项目非放射性大气污染物主要为施工过程中清挖设施回填、卸车产生的扬尘（TSP），采取定期洒水、对场内及运输物料进行遮盖、避开大风作业等措施后，类比其他施工场地扬尘监测数据，扬尘排放量较小。

根据《环境影响评价技术导则　大气环境》（HJ 2.2—2018）相关内容，本项目采用AERSCREEN估算模式进行评价，其TSP最大落地浓度为31.9 μg/m³，占标率为3.54%，最大落地浓度距离为7 m。

（2）地表水环境

本项目某湖矿点有水坑口最大水量为 4.64×10^{-4} m^3/s，坑口流出水为依托现有排放口沿排水沟或倒水盲沟直接排放至受纳水体（矿点的受纳水体为某湖小溪，溪水最小流量为 0.08 m^3/s。另外，根据《某省地表水（环境）功能区划》，本项目受纳水体水环境功能为景观娱乐用水区，执行 IV 类水标准）。有水坑口的原始功能主要为平硐采矿，以物理操作为主，生产试验期间未向坑道内添加化学试剂，源项调查显示坑口流出水核素浓度较低，均满足排放标准。本项目为退役治理工程，仅对有水坑口设置疏排设施并封堵处理，不会新增排放污染物。

（3）地下水环境

本项目地下水不作为当地供水水源。本项目不涉及地下水的敏感区或较敏感区（即不涉及集中式饮用水水源保护区及以外的补给径流区，不涉及分散式饮用水水源保护区及特殊地下水资源保护区等）。

（4）声环境

本项目所处区域为声环境3类功能区，项目实施过程中不会导致噪声的大幅增高。

（5）生态环境

本项目不新增建设占地。与本项目有关的占地主要为项目土源地取土用地，涉及面积为 39250 m^2，且取土地为一般区域。

4.2　建设项目周围环境概况

4.2.1　环境敏感点及保护目标

根据工程性质和周围环境特征，确定本次环境评价的大气环境保护目标为项目评价范围内居民点的大气环境；地表水环境保护对象为某湖小溪和某河；地下水环境保护对象为退役设施周围浅层地下水；声环境保护对象为退役设施边界外 200 m 范围内声环境质量；生态环境保护对象为退役设施占地区；辐射环境保护对象为评价中心周围 20 km 范围内环境和公众。具体环境保护目标见表4.3。

表 4.3　环境保护目标一览表

要素	保护对象				保护性质	保护级别
	名称	方位	距评价中心距离/km	人口数		
大气环境	某寨	WNW	1.7	12	居民点	《环境空气质量标准》（GB 3095—2012）二级和本项目公众剂量约束值
	某洼	WSW	0.9	15		
	某村	S	2.5	102		
	某屋	SSE	2.3	20		
	某窝	SW	4.4	6		
	某坑	SW	3.8	105		
	某塘	WSW	2.6	22		

续表

要素	保护对象				保护性质	保护级别
	名称	方位	距评价中心距离/km	人口数		
水环境	某湖小溪和某河				地表水	《地表水环境质量标准》（GB 3838—2002）Ⅲ类
	退役设施周围潜层地下水				地下水	《地下水质量标准》（GB/T 14848—2017）Ⅲ类标准
声环境	退役设施边界外 200 m 范围内				声环境	《声环境质量标准》（GB 3096—2008）3 类
生态环境	退役设施占地区				生态环境	防治水土流失,使治理范围内生态环境得到基本改善
辐射环境	评价中心半径为 20 km 范围内环境和公众				辐射环境	本项目公众剂量约束值

4.2.2　土地和水体利用情况

本项目所在区域 5 km 范围内土地类型主要为未开发利用的林地,地表植被茂盛,伴有少量水田和果园,种植的农作物主要为水稻、柑橘和芭蕉等。5 km 范围内某河无水体利用设施,该河设有某水库,该水库位于某湖矿点 NW 方位约 4.5 km 处,主要功能为水利发电。当地降雨量丰富,居民饮用水主要来自山涧水,受纳水体下游评价范围内无饮水途径,少部分岸边农田使用受纳水体灌溉。

4.2.3　生态保护红线

根据《某省人民政府关于发布某省生态保护红线的通知》（某府发〔20 某〕某号）,全省生态保护红线划定面积为 46876 km²,占全省国土面积的 28.06%,按照生态保护红线的主导生态功能,分为水源涵养、生态多样性维护和水土保持这三大类,共 16 个片区。经过比对,距离最近的生态红线管控区（生态多样性维护类）,位于矿点的 E 方位,约 0.12 km 处,退役治理范围不涉及生态红线管控区范围。

4.2.4　环境质量现状

1. 辐射环境本底调查

（1）区域天然辐射环境本底

根据《中国环境天然放射性水平》（中国原子能出版社,2015 年 7 月）中的相关内容,项目所在地某省某地区的环境本底值如表 4.4 所示。

表 4.4　某省某地区的环境本底值

监测对象	监测项目	监测范围值	监测均值
空气	氡浓度/(Bq/m³)	4.7～33.7	18.0
	氡子体 α 潜能/(nJ/ m³)	15.5～111.8	57.2
地表水体	U天然/(μg/L)	0.24～1.42	0.61
	^{226}Ra/(mBq/L)	1.3～14.4	3.41
地下水体	U天然/(μg/L)	0.01～13.6	0.71
	^{226}Ra/(mBq/L)	1.27～38	6.35
土壤	U天然/(mg/kg)	1.7～16.8	4.9
	^{226}Ra/(Bq/kg)	20～148	56.2
γ 辐射剂量率	原野 γ 辐射剂量率*/×10⁻⁸ Gy/h	5.2～28.2	18.4

注：* 原野 γ 辐射剂量率为扣除宇宙射线值后的值。

（2）土壤中 ^{226}Ra 活度浓度及 γ 辐射剂量率本底调查

由于某湖矿点试验生产前未进行矿区辐射环境本底调查，本项目以某矿点为中心，分别对矿点周围 2 km、3 km 以及 5 km 处东、西、南、北 4 个方向进行监测调查，作为本项目土壤中 ^{226}Ra 活度浓度和 γ 辐射剂量率本底值。监测结果详见表 4.5。

表 4.5　矿区放射性本底调查监测结果

监测对象	监测项目	测点数	监测结果	
			范围值	均值
土壤	U天然/(mg/kg)	12	10.2～14.8	12.8
	^{226}Ra/(Bq/kg)	12	92～141	117
γ 辐射剂量率	γ 辐射剂量率/×10⁻⁸ Gy/h	60	18.6～29.1	23.9

由表 4.5 可知，矿区土壤中 ^{226}Ra 含量本底水平为 92～141 Bq/kg，γ 辐射剂量率本底水平为 $18.6×10^{-8}$～$29.1×10^{-8}$ Gy/h，与某地区土壤中 ^{226}Ra 含量（20～148 Bq/g）和 γ 辐射剂量率（$5.2×10^{-8}$～$28.2×10^{-8}$ Gy/h）基本处于同一水平，与本次环境现状调查结果中项目周边居民点土壤中 ^{226}Ra 含量（96～125 Bq/kg）和 γ 辐射剂量率（$7.4×10^{-8}$～$35.0×10^{-8}$ Gy/h）也基本处于同一水平。因此，选取矿区土壤中 ^{226}Ra 含量均值为 117 Bq/kg 和 γ 辐射剂量率均值为 $23.9×10^{-8}$ Gy/h，作为本项目所在地土壤中 ^{226}Ra 活度浓度和 γ 辐射剂量率的本底值。

2. 环境质量现状调查

（1）环境空气质量现状

① 项目所在区域环境空气质量结果

项目所在区域环境空气质量结果见表 4.6。

表 4.6　项目所在区域环境空气质量结果

基本污染物	SO$_2$	NO$_2$	PM$_{2.5}$	PM$_{10}$	CO	O$_3$
	年均值/(μg/m³)	年均值/(μg/m³)	年均值/(μg/m³)	年均值/(μg/m³)	日均值/(mg/m³)	日最大 8 h 平均/(μg/m³)
现状浓度	9	10	31	42	ND	ND
《环境空气质量标准》(GB 3095—2012)中二级标准	60	40	35	70	4	160

注:"ND"表示未检出。

由表 4.6 可知,项目所在地为环境空气质量达标区。

② 氡及其子体浓度监测

本项目周围环境敏感点空气中的氡浓度范围为 5.4~38.4 Bq/m³,平均值为 15.9 Bq/m³,略高于对照点(某镇)均值 10.9 Bq/m³;氡子体浓度范围值为 7.1×10^{-3}~26.9×10^{-3} μJ/m³,平均值为 15.7 nJ/m³,略高于对照点(某镇)均值 9.7 nJ/m³,但所测监测点氡浓度及其子体浓度均在某地区本底范围之内(氡浓度本底均值为 18.0 Bq/m³,氡子体 α 潜能均值为 57.2 nJ/ m³)。

③ 气溶胶监测

监测结果表明,某村气溶胶中的 U$_{天然}$ 含量略高于对照点(某镇),其余居民点的 U$_{天然}$ 含量与对照点相当;某村和某坑气溶胶中的总 α 浓度略高于对照点,其余居民点的总 α 浓度与对照点相当。

④ TSP 监测

从监测结果可知,各居民点的 TSP 日均值质量浓度均满足《环境空气质量标准》(GB 3095—2012)二级标准。

(2)陆地 γ 辐射剂量率现状

本项目周边敏感点的 γ 辐射剂量率在 49.7~325.7 nGy/h 范围,与对照点 223.7~238.7 nGy/h 基本相当,某寨和某村稍微高于对照点和某省天然本底水平,其余监测点与对照点水平相当,且在某省天然本底范围内。

(3)地表水环境质量现状

根据某矿点受纳水体上下游 4 处取样得到的地表水体中放射性污染物监测结果可知,本项目周围地表水体中 U$_{天然}$ 范围值为 4.18~8.87 μg/L,^{226}Ra 范围值为 3.63~9.14 mBq/L,基本与天然本底水平相当。

另外各监测点地表水中非放射污染物(包括 As、Cd、Mn、SO$_4^{2-}$)和 pH 监测结果均满足《地表水环境质量标准》(GB 3838—2002)Ⅳ类水质标准。

(4)地下水环境质量现状

通过对某湖矿点上下游和居民点处的地下水取样监测可知,地下水监测点中的 U$_{天然}$、^{226}Ra、^{210}Po、^{210}Pb 浓度上下游变化不大,总体数值均较低,且均在当地本底范围之内。

另外各监测点地表水中非放射污染物(包括 K$^+$、Ca^{2+}、Na$^+$、Mg^{2+}、Cu、Zn、SO$_4^{2-}$、HCO$_3^-$、Cl$^-$、Mn、Cd、Ni、Cr^{6+}、Fe、As、Hg)和 pH 监测结果均满足《地下水质量标准》(GB/T 14848—2017)中Ⅲ类水质标准。

（5）土壤环境质量

矿区附近居民点土壤中的 $U_{天然}$、^{226}Ra 浓度略高于对照点（某镇），但均在当地本底水平范围之内；土壤中非放射性污染物（Mn、Cd、Pb、Cr^{6+}、Cu、Ni、Zn、As、Hg）浓度和 pH 均满足《土壤环境质量 农用地土壤污染风险管控标准（试行）》（GB 15618—2018）中"农用土壤污染风险筛选值和管制值"要求。

（6）底泥环境质量

排放口下游水体底泥中 $U_{天然}$、^{226}Ra 浓度较上游略微偏高，但仍在天然本底范围之内。

（7）生物样品质量

对某矿点附近居民点的稻谷、鸡、鱼等生物样品进行了监测。结果表明，项目周围居民点生物样品中的放射性核素（$U_{天然}$、^{226}Ra、^{210}Po、^{210}Pb）含量较低，均符合《食品中放射性物质限制浓度标准》（GB 14882—94）中规定的限制浓度标准要求。

4.3　施工过程中非放射性环境影响

1. 施工期扬尘的产生

施工期间非放射性废气主要为施工扬尘，运输车辆采用全密闭车运输，运输过程中产生扬尘量较小，扬尘主要产生环节为尾渣库内卸车。

2. 施工期废水的产生

施工期废水污染源主要包括坑口流出水、施工生产废水和施工人员的生活污水。三种废水的环境影响分析如下：

（1）坑口流出水

施工期放射性废水主要为坑口流出水，其中 $U_{天然}$ 浓度范围值为 0.0130~0.0140 mg/L，^{226}Ra 浓度范围值为 0.031~0.042 Bq/L，水流量为 2.83~40.0 m^3/d。初步估算，坑口流出水经受纳稀释后，致使某湖小溪和某河 $U_{天然}$ 和 ^{226}Ra 附加值变化量远小于其本底值，环境影响非常小。

（2）施工生产废水

施工生产废水主要包括设备冲洗废水和水泥养护排水，水中污染物主要为悬浮物、泥沙等，产生量极少。

（3）生活污水

本项目在退役现场不建设施工营地，施工人员主要居住在距离施工现场直线距离约10 km 的某镇内。施工期生活污水主要来自施工人员产生的生活杂用水及盥洗用水。废水中主要污染物为 COD、BOD_5 和氨氮，其含量分别为 250 mg/L、150 mg/L 和 30 mg/L；按照施工人员 50 人进行估算，产生废水约 4 t/d。

3. 施工期噪声的影响

施工期间噪声的主要来源为施工机械和运输车辆噪声、物料装卸碰撞声等，主要噪声源为运输车辆、挖掘机、推土机等，单体设备声源声级不超过 95 dB（A）。施工过程中采取合理降噪措施后，再经过空气吸收及距离的衰减，施工噪声将大大降低，不会对居民产生明显影响。

4．施工期固体废物的产生

施工期产生的固体废物主要是拆除的建筑垃圾,清挖迁移废石(渣)、尾渣等及污染土、废旧设备、管材以及表面去污产生的固体废物和少量的生活垃圾等。

该项目退役治理过程中固体废物产生情况如表4.7所示。

表4.7　退役治理过程中产生的固体废物一览表

项目	来	源	
	种类	数量	
固体废物	清挖迁移废石(渣)、尾渣等及污染土	2.289×10^5 m³	
	污染建筑垃圾	1606 m³	共3295 m³
	未污染建筑垃圾	1689 m³	
	废旧设备及管材 所有金属设备和管线	15.71 t	共94.33 t
	非金属废物	78.62 t	
	去污过程会产生少量的钢丝球、抹布等	—	
	生活垃圾	16.5 t/a	

5．施工过程中生态环境影响分析

项目施工期生态影响主要表现为对土地的占用以及由此造成的植被破坏。本项目施工过程位于某湖矿点现有矿点内,不新增永久占地,因此不会对矿区及周边生态环境造成影响。

6．施工过程修路及废物运输环境影响分析

(1)修路环境影响分析

本项目新修一条起点于某村北侧(离村约1 km)水泥路段终点至某湖矿点尾渣库的运输道路,总长度为3.5 km。该道路属于改造性质,即对通往某湖矿点的现有土路改造升级为10 cm厚的泥结碎石路面,因此该段道路施工不新增占地。在施工过程中加强管理,严格控制人员和机械的活动区域,尽可能不破坏原有的地表植被和土壤,降低临时占地面积;对工作人员进行环境保护意识教育,严禁对周围植被进行随意破坏;施工时采用洒水降尘、设置围挡等措施减少扬尘的产生;施工废水收集后回用,不得随意排放;施工产生的固体废物统一收集后,定期交由环卫部门处置;选用低噪声设备,定期检修,减少机械噪声的产生;施工结束后,及时进行地形地貌和植被恢复,防止水土流失。在采取以上措施后,修路施工不会对周围环境和居民产生明显影响。

(2)废物运输的环境影响分析

正常情况下通过道路维护和加强管控可有效控制废物运输对周围居民造成的明显影响。

在废物运输过程中,可能发生翻车事故,使得运输的废物洒落,造成一定程度的污染。根据核工业30年放射性物质运输统计数据,公路运输发生的事故率为 4.3×10^{-7}/(km·车次)。本项目运输距离约为9 km,运输次数为13368次,运输车辆10辆,每辆车的运输次数为1337次,则在运输过程中每辆汽车发生事故的概率为 5.17×10^{-3} 次。因此,只要严格按照运输计划运输,发生事故的可能性很小,能够满足本项目废物安全运输的要求,不会对周围环境产生明显影响。

思考题及参考答案

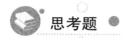 **思考题**

1. 如何根据项目相关资料确定环境影响评价文件类型？
2. 请根据案例资料确定该项目的评价控制指标及管理限值。
3. 请根据案例资料进行环境影响因素识别并给出评价因子。
4. 请根据项目背景资料判断该项目各非放射性环境影响要素的评价工作等级、评价范围。
5. 请列出本项目主要退役源项的治理方案。
6. 请根据施工过程中非放射性环境影响,给出其对应防治措施。

 **参考答案**

1. 根据《中华人民共和国环境保护法》《中华人民共和国环境影响评价法》《建设项目环境保护管理条例》等相关法律法规及《建设项目环境影响评价分类管理名录》(2021 年版)的有关规定,结合项目资料,拟建项目属于"五十五　核与辐射"中"170.铀矿地质勘查、退役治理",故该项目应编制环境影响报告表。具体见表 4.8。

表 4.8　项目环境影响评价类别判断

项　目　类　别		环　评　类　别		
一级	二级	报告书	报告表	登记表
五十五　核与辐射	170.铀矿地质勘查、退役治理	—	全部	—

2. 根据项目相关资料,该项目的评价控制指标及管理限值如下:

(1) 剂量约束值和剂量控制值

① 正常工况下公众剂量约束值

根据《铀矿冶辐射防护和辐射环境保护规定》(GB 23727—2020),退役与关闭后公众照射的剂量约束值不超过 0.3 mSv/a;运行期公众照射的剂量约束值取连续 5 年的平均有效剂量不超过 0.5 mSv/a。

根据本项目特点及剂量预测相关结果,确定本项目退役治理施工过程中公众照射剂量约束值为 0.5 mSv/a,退役治理后公众照射剂量目标值为 0.1 mSv/a。

② 事故公众剂量控制值

单次事故情况下所致公众有效剂量不超过 1 mSv。

(2) 废水放射性排放浓度限值

根据《铀矿冶辐射防护和辐射环境保护规定》(GB 23727—2020),退役治理后某湖矿点的坑口流出水分别排入某湖小溪和某河,具体排放口核素浓度限值见表 4.9。

表 4.9　废水中放射性核素排放浓度限值

标准	水环境状况	放射性核素	单位	废水排放口处限值
GB 23727—2020	有稀释能力的受纳水体	U天然	mg/L	0.3
		^{226}Ra	Bq/L	1.1
		^{230}Th	Bq/L	1.85
		^{210}Pb	Bq/L	0.5
		^{210}Po	Bq/L	0.5

注:本项目某湖矿点有水坑口最大水量为 $4.64×10^{-4}$ m³/s,矿点的受纳水体为某湖小溪,溪水最小流量为 0.08 m³/s;因此受纳水体具有 5 倍以上稀释倍数。另外,根据《某省地表水(环境)功能区划》,本项目受纳水体水环境功能为景观娱乐用水区,执行Ⅳ类水标准。

(3) 退役管理目标值

① 地表氡析出率的管理限值

根据《铀矿冶辐射防护和辐射环境保护规定》(GB 23727—2020)的规定,尾渣库、露天采场等设施,经退役、关闭与环境整治后,表面氡析出率应不大于 0.74 Bq/(m²·s)。

② 土壤中 ^{226}Ra 残留量的管理限值

根据《铀矿冶辐射防护和辐射环境保护规定》(GB 23727—2020)的规定,土地去污整治后,任何 100 m² 范围内土层中 ^{226}Ra 的平均活度浓度扣除当地本底值后不超过 0.18 Bq/g;可无限制开放或使用。

③ 放射性表面污染控制水平

本项目无利用价值的金属设备、管线等经去污处理后,在运至核工业铀矿冶放射性污染金属熔炼处理中心集中熔炼处置前,其 α 表面污染水平和 β 表面污染水平要达到核工业铀矿冶放射性污染金属熔炼处理中心(国家核安全局认可的废旧金属处理中心)接受限值要求。

设备、管线、废石(渣)在运输过程中,参照《铀矿冶辐射防护和辐射环境保护规定》(GB 23727—2020),其运输车辆外表面任意点上的辐射水平≤2 mSv/h,距离车辆外表面 2 m 远处的任意点的辐射水平≤0.1 mSv/h,运输车辆外表面放射性污染控制值为 α 表面污染水平≤4 Bq/cm²、β 表面污染水平≤40 Bq/cm²。

④ γ 辐射剂量率控制值

参照《铀矿地质辐射环境影响评价要求》(EJ/T 977—1995)要求,铀矿地质设施退役场所 γ 吸收剂量率不超过 $17.4×10^{-8}$ Gy/h(扣除本底后)。因此,本次退役治理工程,对于达到无限制开放使用深度的场址,其治理后的 γ 辐射剂量率水平按照接近当地本底值进行控制;对于达到有限制开放使用深度的场址或设施,其治理后的 γ 辐射剂量率按照"本底值 $17.4×10^{-8}$ Gy/h"进行控制。

(4) 非放射性污染物环境质量标准和排放标准

本项目环境影响评价非放射性污染物执行标准如下:

环境质量标准:

① 环境空气执行《环境空气质量标准》(GB 3095—2012)二级标准。

② 地表水环境执行《地表水环境质量标准》(GB 3838—2002)中Ⅳ类标准。

③ 地下水环境执行《地下水质量标准》(GB/T 14848—2017)中Ⅲ类标准。

④ 声环境执行《声环境质量标准》(GB 3096—2008)中 3 类标准。

⑤ 土壤环境质量执行《土壤环境质量　农用地土壤污染风险管控标准(试行)》(GB 15618—2018)中表1标准。

污染物排放标准:

① 废气排放执行《大气污染物综合排放标准》(GB 16297—1996)中二级标准。

② 厂界噪声执行《工业企业厂界环境噪声排放标准》(GB 12348—2008)中3类标准。施工期场界噪声执行《建筑施工场界环境噪声排放标准》(GB 12523—2011)中相关要求。

本项目非放射性污染物评价采用的标准值见表4.10。

表 4.10　本项目评价非放射性污染物采用的标准值

类别	污染物名称		标准值	标准来源
环境质量标准	大气	TSP	$200 \ \mu g/m^3$(年均值)	《环境空气质量标准》(GB 3095—2012)中二级标准
		SO_2	$60 \ \mu g/m^3$(年均值)	
		NO_2	$40 \ \mu g/m^3$(年均值)	
		$PM_{2.5}$	$35 \ \mu g/m^3$(年均值)	
		PM_{10}	$70 \ \mu g/m^3$(年均值)	
	地表水体	pH	6~9	《地表水环境质量标准》(GB 3838—2002)中Ⅳ类标准
		Mn	0.1 mg/L	
		Cd	0.005 mg/L	
		As	0.1 mg/L	
		SO_4^{2-}	250 mg/L	
	噪声	昼间	65 dB(A)	《声环境质量标准》(GB 3096—2008)中3类标准
		夜间	55 dB(A)	
	土壤	Cd	0.3 mg/kg(pH≤5.5) 0.3 mg/kg(5.5<pH≤6.5) 0.3 mg/kg(6.5<pH≤7.5) 0.6 mg/kg(pH>7.5)	《土壤环境质量　农用地土壤污染风险管控标准(试行)》(GB 15618—2018)中表1标准
		As	40 mg/kg(pH≤5.5) 40 mg/kg(5.5<pH≤6.5) 30 mg/kg(6.5<pH≤7.5) 25 mg/kg(pH>7.5)	
		Hg	1.3 mg/kg(pH≤5.5) 1.8 mg/kg(5.5<pH≤6.5) 2.4 mg/kg(6.5<pH≤7.5) 3.4 mg/kg(pH>7.5)	
		Pb	70 mg/kg(pH≤5.5) 90 mg/kg(5.5<pH≤6.5) 120 mg/kg(6.5<pH≤7.5) 170 mg/kg(pH>7.5)	

续表

类别	污染物名称		标准值	标准来源
环境质量标准		Cr⁶⁺	150 mg/kg(pH≤5.5) 150 mg/kg(5.5<pH≤6.5) 200 mg/kg(6.5<pH≤7.5) 250 mg/kg(pH>7.5)	
		Cu	50 mg/kg(pH≤5.5) 50 mg/kg(5.5<pH≤6.5) 100 mg/kg(6.5<pH≤7.5) 100 mg/kg(pH>7.5)	
		Ni	60 mg/kg(pH≤5.5) 70 mg/kg(5.5<pH≤6.5) 100 mg/kg(6.5<pH≤7.5) 190 mg/kg(pH>7.5)	
		Zn	200 mg/kg(pH≤5.5) 200 mg/kg(5.5<pH≤6.5) 250 mg/kg(6.5<pH≤7.5) 300 mg/kg(pH>7.5)	
	地下水体	pH	6.5～8.5	《地下水质量标准》(GB/T 14848—2017)中Ⅲ类标准
		Na⁺	200 mg/L	
		SO₄²⁻	250 mg/L	
		Cl⁻	250 mg/L	
		Mn	0.1 mg/L	
		Cd	0.005 mg/L	
		Cu	1 mg/L	
		Zn	1 mg/L	
		Ni	0.02 mg/L	
		Cr⁶⁺	0.05 mg/L	
		Fe	0.3 mg/L	
		As	0.01 mg/L	
		Hg	0.001 mg/L	

续表

类别	污染物名称		标准值	标准来源
排放标准	废气	颗粒物	无组织排放监控浓度限值:1 mg/m³	《大气污染物综合排放标准》(GB 16297—1996)中二级标准
	噪声	昼间	65 dB(A)	《工业企业厂界环境噪声排放标准》(GB 12348—2008)中3类标准
		夜间	55 dB(A)	
		昼间	70 dB(A)	《建筑施工场界环境噪声排放标准》(GB 12523—2011)
		夜间	55 dB(A)	

3. 本项目的环境影响因素识别和评价因子如下:

(1) 环境影响因素识别

为明确本项目可能对自然环境和社会环境产生的影响,根据项目工程特点、规模和污染物排放规律,结合评价区域的环境特征,进行本项目的环境影响因素识别,结果见表4.11。

表 4.11　本项目环境影响因素识别

阶段		自然环境						社会环境					
		大气环境	地表水	地下水	声环境	辐射环境	生态环境	农业发展	工业发展	交通	就业	公众健康	社会经济
退役治理前	废气排放					−2						−2	
	废水排放		−1			−1							
	固体废物处置			−1		−2	−2					−2	
退役治理中	场地挖掘	−1			−1	−2	−1					−2	+1
	物料运输	−1			−1	−1							+1
	场地覆土/回填	−1				−2						−2	+1

续表

阶段		自然环境						社会环境					
		大气环境	地表水	地下水	声环境	辐射环境	生态环境	农业发展	工业发展	交通	就业	公众健康	社会经济
退役治理后	废气排放					-1						-1	
	废水排放		-1			-1							
	固体废物处置			-1		-1	+1					-1	

注:表中"+"为正效应,"-"为负效应;"1"为一般(轻微、不显著的)影响,"2"为中等影响,"3"为较(重)大影响。

从表4.11可以看出,本项目的实施对周边环境的影响因素,退役治理前主要是废气和固体废物对辐射环境、生态环境及公众健康的影响;退役治理过程中主要是场地挖掘、物料运输等活动对大气环境、声环境、辐射环境、生态环境及公众健康的影响;退役治理后主要是废气和固体废物对辐射环境、生态环境及公众健康的影响,影响程度比退役治理前和退役治理中有明显改善。项目的实施将对该地区的自然环境及社会经济产生积极影响。

(2)评价因子筛选

根据本项目退役治理前、退役治理中及退役治理后的特点及污染物排放特点,本项目评价因子见表4.12。

表4.12 本项目评价因子一览表

时期	评价内容		评价因子
退役治理前	大气污染源		^{222}Rn 及其子体
	废水污染源		$U_{天然}$、^{226}Ra、^{230}Th、^{210}Po、^{210}Pb
退役治理中	大气污染源	放射性污染物	^{222}Rn 及其子体
		非放射性污染物	TSP
	废水污染源	放射性污染物	$U_{天然}$、^{226}Ra、^{230}Th、^{210}Po、^{210}Pb
		非放射性污染物	COD、BOD_5、氨氮
	固体废物污染源	放射性污染物	清挖迁移废石、尾渣等及其污染土;建筑垃圾;设备管线等
		非放射性污染物	生活垃圾
	噪声污染源		L_{eq}(A)
退役治理后	大气污染源		^{222}Rn 及其子体
	地表水污染源		$U_{天然}$、^{226}Ra、^{230}Th、^{210}Po、^{210}Pb
	地下水污染源		$U_{天然}$、^{226}Ra、Mn、SO_4^{2-}

4. 根据项目背景资料判断该项目各非放射性环境影响要素的评价工作等级、评价范围情况如下：

根据各要素环境影响评价技术导则的评价分级要求，结合工程特点和评价区域环境特征，确定本项目大气环境、地表水环境、地下水环境、声环境、生态环境的评价工作等级及评价范围。

（1）大气环境影响评价等级与评价范围

根据《环境影响评价技术导则　大气环境》（HJ 2.2—2018）相关内容，本项目采用AERSCREEN 估算模式进行评价，其 TSP 最大落地浓度为 31.9 $\mu g/m^3$，占标率为 3.54%，在 1%～10% 范围内，最大落地浓度距离为 7 m，故本项目大气环境影响评价的工作等级为二级，评价范围为 5 km。

（2）地表水环境影响评价等级与评价范围

本项目坑口流出水依托现有排放口沿排水沟或倒水盲沟直接排放至受纳水体，有水坑口的原始功能主要为平硐采矿，以物理操作为主，生产试验期间未向坑道内添加化学试剂，源项调查显示坑口流出水核素浓度较低，均满足排放标准。本项目为退役治理工程，仅对有水坑口设置疏排设施并进行封堵处理，不会新增排放污染物，按照《环境影响评价技术导则　地表水环境》（HJ 2.3—2018）的要求，评价等级参照间接排放，为三级 B（表 4.13）。

表 4.13　水污染影响型建设项目评价等级划定

评价等级	判　定　依　据	
	排放方式	废水排放量 Q/(m³/d)； 水污染当量数 W/(无量纲)
一级	直接排放	$Q \geqslant 20000$ 或 $W \geqslant 600000$
二级	直接排放	其他
三级 A	直接排放	$Q < 200$ 且 $W < 6000$
三级 B	间接排放	—

（3）地下水环境影响评价等级与评级范围

参照《环境影响评价技术导则　地下水环境》（HJ 610—2016）中"附录 A　地下水环境影响评价行业分类"表中"有色金属"分类，该项目修建尾渣库，属于Ⅰ类项目（表 4.14）；根据 HJ 610—2016 中地下水环境敏感程度分级标准（表 4.15），本项目地下水不作为当地供水水源。本项目不涉及地下水的敏感区或较敏感区（选址不涉及集中式饮用水水源保护区及以外的补给径流区，不涉及分散式饮用水水源保护区及特殊地下水资源保护区等），属于不敏感区域，最后根据评价工作等级分级表（表 4.16），确定地下水评价等级为二级。

表 4.14　地下水环境影响评价行业分类表

行业类别	报告书	报告表	地下水环境影响评价项目类别	
			报告书	报告表
H 有色金属				
47、采选（含单独尾矿库）	全部	—	排土场、尾矿库Ⅰ类，选矿厂Ⅱ类，其余Ⅲ类	

表 4.15 地下水环境敏感程度分级表

敏感程度	项目场地的地下水环境敏感特征
敏感	集中式饮用水水源(包括已建成的在用、备用、应急水源,在建和规划的饮用水水源)准保护区;除集中饮用水水源以外的国家或地方政府设定的与地下水环境相关的其他保护区,如热水、矿泉水、温泉等特殊地下水资源保护区
较敏感	集中式饮用水水源(包括已建成的在用、备用、应急水源,在建和规划的饮用水水源)准保护区以外的补给径流区;未划定准保护区的集中式饮用水水源,其保护区以外的补给径流区;分散式饮用水水源地;特殊地下水资源(如热水、矿泉水、温泉等)保护区以外的分布区等其他未列入上述敏感分级的环境敏感区
不敏感	上述地区之外的其他地区

注:"环境敏感区"是指《建设项目环境影响评价分类管理名录》中所界定的涉及地下水的环境敏感区。

表 4.16 建设项目地下水环境影响评价工作等级分级表

敏感程度	Ⅰ类项目	Ⅱ类项目	Ⅲ类项目
敏感	一	一	二
较敏感	一	二	三
不敏感	二	三	三

本次评价根据建设项目所在地水文地质条件确定地下水评价范围。尾渣库位于一个三面环山的沟谷内,根据其所处的水文地质单元,以尾渣库为中心,上游及两侧均延伸至山脊处。尾渣库下游向北地势逐渐降低,至某湖小溪处达到最低点,随后地势又抬升。因此,评价范围下游自尾渣库坝脚延伸至某湖小溪,下游延伸约 100 m。

(4)声环境影响评价等级与范围

本项目所处区域为声环境 3 类功能区,根据《环境影响评价技术导则 声环境》(HJ 2.4—2021)的评价分级原则(表 4.17),确定本项目声环境影响评价工作等级为三级,确定声环境影响评价范围为厂界外 200 m。

表 4.17 声环境影响评价工作等级划分原则一览表

工作等级	划分依据		
	声环境功能区类别	声环境保护目标噪声级增高量	受影响人口数量
一级	0 类	>5 dB(A)	显著增多
二级	1 类、2 类	3~5 dB(A)	增加较多
三级	3 类、4 类	<3 dB(A)	变化不大
本工程	本项目所处区域为声环境 3 类功能区;受工程改建影响人口数量较少,项目实施过程中不会导致噪声的大幅增高		

（5）生态影响评价等级与范围

本项目不新增建设占地。与本项目有关的占地主要为项目土源地取土用地，涉及面积为 39250 m²，小于 2 km²，且取土地为一般区域，故本项目生态影响评价等级为三级，评价范围为取土范围。

5. 本项目主要退役源项的治理方案如下：

（1）退役治理方案

① 坑（井）口治理方案

对于无水坑口采用两道毛石墙封堵、中间充填废石的治理方案；对于有水坑口采用两道混凝土墙封闭并在坑口内修建被动式滤水集水池进行疏排水的治理方案；浅井采用全井筒填充废石至近地表、再夯填土掩埋井口并植被的治理方案；竖井采用砌筑混凝土隔墙切断与平巷的连通，中间充填废石、上部用钢筋混凝土板封堵并覆土植被的治理方案。

② 露天采场废墟治理方案

采取覆盖治理方案，即采用原地覆土植被、砌筑挡墙稳固坡脚、设置排水沟及三维土工网护坡防止坡面冲刷的治理方案。

③ 废石（渣）堆、尾渣堆治理方案

对某湖矿点废石（渣）堆（除作为尾渣库的 X1 废石堆外）、尾渣堆以及设施下部污染土进行清挖、迁移至尾渣库集中处置，治理后原址场地覆土植被、恢复自然地貌。

④ 尾渣库治理方案

为了消除隐患、安全处置尾渣，同时兼顾环保、满足废物集中处置原则，本项目利用某湖矿点 X1 废石堆所处沟谷修建拦渣坝、溢洪道等防排洪设施，形成尾渣库（设计有效库容 3.3×10⁵ m³），且将其作为某湖矿点所有放射性废物的集中处置场所。治理方案如下：修建拦渣坝，将所有放射性废物运至尾渣库内分层回填、压实，采取多层覆盖（黏土降氡层、膨润土防水毯＋土工膜隔水层、砂卵石导水层、植被层）的治理方式，同时修建排水沟、溢洪道和设置沉降位移观测设施，并设置警示标识。

⑤ 污染设备、管线治理方案

经拆除、去污后，金属材质的运至核工业铀矿冶放射性污染金属熔炼处理中心熔炼处置，非金属材质的集中运至某湖矿点尾渣库集中填埋处置。

⑥ 其他

对工业场地、污染道路、建（构）筑物等污染超标区域进行清挖、去污、分类拆除整治，治理后原址场地或覆土植被、恢复自然地貌，或回填路基、恢复原有通行功能。

（2）退役治理过程中的辐射防护措施

① 清挖、回填施工现场，应不定时洒水降尘，以减少扬尘污染环境。合理安排施工进度，在风速较大时（v＞3 m/s）尽量不要进行废石（渣）堆、尾渣堆和工业场地的开挖、倒运工作。

② 施工人员在进行废石（渣）和尾渣的挖运、污染土挖运等操作时，要注意不要将放射性废物遗漏在原址，造成污染面积扩大或处置不彻底。

③ 清挖、搬运操作结束后，及时对工作场所、运输道路及周围环境进行放射性监测，发现异常及时采取治理措施。

④ 合理选择废物运输路线，对施工便道进行不定期的维护，发现路面出现坑洼不平等情况时，及时进行补修，以减少运输过程中的撒漏。

⑤ 运输过程中采用密闭箱式自卸车运输,可减少废物洒落,避免沿途二次污染,同时减少运输路途中^{222}Rn 及其子体释放。

6. 施工过程中非放射性环境影响防治措施如下:

(1) 施工期扬尘治理措施

根据前面介绍的施工期扬尘产生情况,为有效降低施工期扬尘的产生,需采取以下措施:

① 安排专人定期对施工场地进行洒水,以减少扬尘量。

② 遇有大风天气或市政府发布空气质量预警时,应停止土方施工作业。

③ 沙、石、土方等散体材料要覆盖;施工场地内装卸、搬运物料应遮盖或洒水。

④ 物料运输要采取苫布覆盖等必要的遮盖防尘措施,避免沿途遗撒。

⑤ 建筑垃圾集中、分类堆放,严密遮盖,及时处理、清运干净。

⑥ 提高管理水平,加强现场施工管理。

(2) 施工期废水治理措施

施工期间,使用简易废水收集系统,对施工废水进行处理。根据废水的不同来源及性质,对施工期的生产废水和生活污水分别进行收集。

① 生产废水。在施工场地内设置简易的废水收集池,对于含污染物种类较为简单的废水,如设备冲洗、水泥养护排水,在收集沉淀后,回用于场地喷洒降尘。

② 生活污水。由于本项目在退役现场不建设施工营地,工作人员主要居住在距离施工现场直线距离约 10 km 的某镇内,只要将生活污水引入化粪池,定期处理,则不会对周围环境产生明显影响。

此外,对施工期用水量进行控制,在保证正常生产和生活的情况下,从源头控制废水的产生。采用上述处理措施后,施工期的各种废水不会对项目周边的地表水环境产生不良影响。

(3) 施工过程噪声的防治

① 在施工机械的选择上,选择低噪声设备。

② 加强对设备的检查和维护,减小由于设备部件之间的不正常碰撞产生的噪声。

③ 运输车辆途经居民点附近,采取降低车速、严禁鸣笛的措施,减少对途经居民点的噪声污染。

④ 合理安排施工时间,严禁夜间施工。

在采取以上措施后,经过空气的吸收及距离衰减,噪声大大降低。

(4) 施工过程中固体废物的处置

① 建筑垃圾。本次退役工程建(构)筑物拆除产生约 3295 m³ 的建筑垃圾,其中污染建筑垃圾约 1606 m³,全部运至某湖矿点尾渣库集中处置;未污染建筑垃圾约 1689 m³,运至附近建筑垃圾填埋场处置。

② 清挖迁移废石(渣)、尾渣及污染土。本次退役治理过程清挖、迁移污染物共约 2.289×10^5 m³,全部运至某湖矿点尾渣库集中填埋、覆土处置。

③ 废旧设备及管材。金属设备和管线约 15.71 t,将其拆除、去污后,运至核工业铀矿冶放射性污染金属熔炼处理中心(某厂)集中熔炼处置;非金属废物约 78.62 t,将其拆除解体后送尾渣库集中处置。

④ 污染物表面去污过程中会产生少量的钢丝球、抹布等固体废物,集中收集后送井下

或尾渣库处置。

⑤ 施工过程中约产生 16.5 t/a 的生活垃圾,统一收集后交由环卫部门处理。

(5) 施工过程中生态环境影响治理措施

本项目建议采用清挖回填治理的废石(渣)堆、尾渣堆、工业场地、污染道路以及采取原地覆盖治理的尾渣库、露天采场在清挖、覆盖完成后均会对原有场地进行植被恢复,以使其与当地生态环境相融合。本项目植树种草均选用当地品种,不会造成外来植物的入侵。本项目通过植树种草有效恢复了矿区生态环境,具有较好的生态正效益。

案例 5　某铁路建设项目环境影响评价分析案例

　　根据我国《中长期铁路网规划》,为适应全面建成小康社会的目标要求,铁路网要扩大规模、完善结构、提高质量、快速扩充运输能力、迅速提高装备水平。到 2020 年,全国铁路营业里程达到 1.2×10^5 km,主要繁忙干线实现客货分线,复线率和电化率分别达到 50% 和 60% 以上,运输能力满足国民经济和社会发展需要,主要技术装备达到或接近国际先进水平。为了进一步完善我国铁路网布局,提高运行效率,多地重点铁路建设项目正如火如荼地展开。为了有效控制该类项目对周围环境及生态产生的影响及风险,本案例以某铁路建设项目为切入点进行环境影响评价分析。

　　铁路是国民经济大动脉、关键基础设施和重大民生工程,是综合交通运输体系的骨干和主要交通方式之一,对我国经济社会发展至关重要。加快铁路建设特别是中西部地区铁路建设,是稳增长、调结构、增加有效投资、扩大消费,既利当前、又惠长远的重大举措。根据中央成渝经济圈的战略部署,为了充分发挥成都、重庆作为区域中心城市的辐射带动作用,拉近成渝两地的时空距离,加快西部大开发,构建以重庆都市区为核心的"一小时交通圈"十分必要且迫切。

　　为贯彻落实 2022 年教育部《绿色低碳发展国民教育体系建设实施方案》和《加强碳达峰碳中和高等教育人才培养体系建设工作方案》通知中提出的"以高等教育高质量发展服务国家碳达峰碳中和专业人才培养需求"宗旨,长江师范学院绿色智慧环境学院环境科学教学团队积极整合有关教学资源,以与老百姓民生紧密联系的铁路工程为切入点,将学校周边某镇到 CC 区的铁路工程(路线总长 27 km)作为评价对象进行案例剖析,开发整理出"某铁路建设项目环境影响评价分析案例"。让学生在掌握铁路工程环境影响重点及防控、管理知识的同时,掌握环境影响评价工作流程及工作重点。

5.1　项　目　概　况

5.1.1　项目由来

　　根据中央部署,重庆市政府提出 2020 年建成"一小时经济圈"的发展目标。"一小时经济圈"以重庆都市区为核心,一小时通勤(车程)距离为半径,包括 23 个区县,土地总面积为 2.87×10^4 km²,占全市总面积的 35%。"一小时经济圈"将依托轨道交通、铁路、高速公路、机场、长江水系等综合交通网络,形成网络型、开放式的区域空间结构和城镇布局体系。若要充分发挥轨道交通对"一小时经济圈"的支持作用,需加强轨道交通的自身建设,以足够的数量形成基本网络,扩大覆盖面和服务范围,增加内外交通的换乘节点,实现与长江水系、铁路、机场、公路、圈内城市铁路等对外交通的全面衔接,从而构成对外大交通体系。重庆市某镇到 CC 区客运专线把 CC 区与主城区的 mm 组团和 nn 组团紧密连接在一起,先后与线网中四条轨道线换乘,构建起了"一小时经济圈"的西南通道。

CC 区有百万人口,与都市区仅一山之隔,紧邻主城 BB 区和 DD 区。CC 区极具优势的地理区位,决定了其不仅承担本身区域内的中心城市的作用,还承担了重庆市制造业基地、物流基地等市区外溢的功能,CC 区已经开始逐步融入主城。而其能够充分发挥卫星城功能,承接主城人口及产业外溢的基础条件之一,即应有串联主城与卫星城各组团及城镇的快速直达主城的城乡公共交通。市域快速铁路作为一种新型轨道交通系统,具有"市郊通勤客运专线"的功能,其在城市发展新区内的旅行速度可达 70~90 km/h,能与主城轨道交通线网贯通运营和跨线运行,能够满足卫星城快速直达主城核心区的客运需求,新型轨道交通的引入,能够为 CC 区直达主城提供一条快速公共客运通道,促进与主城更加紧密相联。

某镇到 CC 区城市客运专线的建设,是建设重庆"一小时经济圈"、实现区域协调发展的需要;是体现与支撑重庆市科学划分功能区域、加快建设五大功能区的重大战略、实现城乡交通基础设施的顺畅的需要;是优化城市发展新区和西部拓展区交通结构、满足快速直达都市核心区的客运需求,打造与主城区紧密联系的战略通道的需要;是带动沿线产业聚集区的形成,促进新城建设和经济发展的需要;是带动重庆轨道交通装备产业规模化发展的需要;是改善出入主城区交通状况和途径单一、加速市域轨道交通基本铁路网建设的需要。因此,建设某镇到 CC 区城市客运专线是十分必要和迫切的。

为加快通道和枢纽建设,加强城市各种交通方式的衔接,整合交通资源,推行绿色交通、智能化交通,建成与城市布局相协调、内外通达、安全便捷、资源节约、可持续发展的综合交通运输系统,重庆市"十二五"规划就提出,坚持"畅通高效、安全绿色"的发展理念,建成西部最大的铁路枢纽网,让其成为我国重要的综合交通枢纽。本案例以与老百姓民生紧密联系的铁路工程为切入点,以学校周边某镇到 CC 区的铁路工程(路线总长 27 km)为评价对象进行案例剖析。希望通过分析资料,学生具有确定建设项目环境影响评价文件类型、分析建设项目环境影响评价中应关注的主要环境问题及环境影响,明确工程施工和运营引起的环境污染和生态影响的能力;熟悉主要评价工作过程,确定各环境要素评价工作等级、评价范围的能力;具备针对可能产生的不利环境影响提出可行的减缓或补偿措施,让工程建设带来的不利影响降低到最低程度的能力,进而为工程施工期和运营期的环境管理提供指导,为环境规划及管理部门决策提供科学依据。

5.1.2 项目情况

1. 项目基本情况

(1) 项目名称:新建市郊铁路某镇到 CC 区。

(2) 项目建设单位:某市铁路(集团)有限公司。

(3) 建设内容:新建某镇到 CC 区 TT 新城南段城市客运专线,长 27 km,其中地下线 9.23 km,高架线 15.06 km,地面线 2.71 km;共新设 5 座车站,其中高架站 3 座,半地下站(地面站厅)1 座,地下站(地面站厅)1 座;设 ZZ 车辆段和控制中心(合建),设牵引变电所 2 座。

项目沿线行政区划见表 5.1。

表 5.1　项目沿线行政区划表

行政区划			里程范围	长度/km
重庆市	AA 区	某镇	AYAK47＋522—AYAK51＋946	4.43
	BB 区	RR 镇	AYAK51＋946—AYAK55＋200	3.25
		SS 镇	AYAK55＋200—AYAK58＋426	3.23
		小计	—	6.48
	CC 区	ZZ 镇	AYAK58＋426—AYAK74＋193	16.09
			ZZ 车辆段出入段（DYAK0＋000—DYAK1＋250）	—
合计			—	27

（4）等级与规模：路线全长 27 km，占地（含永久占地和临时占地）94.18 hm²，铁路等级为Ⅰ级，正线数目为双线，列车最高设计运行速度为 120 km/h，最小曲线半径区间正线一般地段为 1200 m，车站有效长度为 120 m，全线采用无缝线路设计。

（5）总投资：61.5 亿元（土建投资 31.2 亿元）。

（6）建设工期：2023 年 6 月开工，2027 年 5 月完工，建设工期为 4 年。

2. 主要经济技术标准及工程组成

（1）主要技术标准

根据工程可行性文件，工程主要技术标准见表 5.2。

表 5.2　工程主要技术标准表

序号	指标名称		采用标准
1	轨道交通制式		As 双流制列车，近期采用 4 辆车编组，远期采用 6 辆车编组
2	运行速度		设计车速 120 km/h，最高运行速度为 110 km/h，平均旅行速度不小于 43 km/h
3	线路	最大坡度	正线一般 30‰，困难地段可采用 35‰。地下车站一般 2‰，困难可设在不大于 3‰的坡道上。辅助线 40‰。折返线、停车线隧道一般为 2‰（面向车挡）
4		平曲线半径	最小曲线半径区间正线一般地段为 1200 m，困难地段为 800 m，特别困难地段为 400 m；辅助线一般地段为 250 m，困难地段为 150 m
5		竖曲线半径	坡度代数差等于或大于 2‰时，应设圆曲线形的竖曲线连接，区间正线一般为 5000 m，困难情况下为 3000 m，车站端部一般为 3000 m，困难情况下为 2000 m，出入辅助线为 2000 m

续表

序号	指标名称		采 用 标 准
6	轨道	轨距	1435 mm
7		钢轨	正线采用 60 kg/m;车场采用 50 kg/m
8		道岔	正线采用 9 号道岔;车场采用 7 号道岔
9		道床	正线、辅助线均采用钢筋混凝土整体道床,车场线库外线采用碎石道床,库内线采用整体道床
10		扣件	正线、辅助线及出入场(段)线均采用弹性分开式扣件
11	车辆	车体外形尺寸	20000 mm/辆(带司机室车辆为 21000 mm/辆(暂定))、宽为 3000 mm、受电弓落弓时高度为 3950 mm
12		车辆自重	34 t
13		轴重	15 t
14		定员	额定 260 人/辆
15	车站		车站站台设计有效长度为 120 m,屏蔽门长度为 113 m,站台宽度大于 3.5 m

（2）工程组成

根据工程可行性文件,工程组成情况见表5.3。

表5.3 工程组成及规模表

项目组成		规 模
主体工程	全长 27 km	地下线合计 9.23 km(地下区间 9.08 km,地下站场 0.15 km),高架线合计 15.06 km(高架区间 14.70 km、高架车站 0.36 km),地面线 2.71 km(地面区间 2.50 km、地面车站 0.21 km)。共占地 94.18 hm²,其中永久占地 55.08 hm²,临时占地 39.10 hm²
附属工程	车站	共 5 座,其中半地下站 1 座,高架站 3 座,地下站 1 座
	电力电讯工程	2 座 110 kV 交流牵引变电所,分别位于 ZZ 西站和 TT 新城南站,TT 新城南站牵引变电所位于 TT 新城南站站厅南侧,为户外式,ZZ 西站牵引变电所位于 ZZ 西站高架站厅下方,为户内式;在各车站(YY 站、ZZ 东站、ZZ 西站、TT 新城北站、TT 新城南站)分别建设一个室内覆盖通信基站(共计 5 个);在 ZZ 车辆段建设一个室外通信基站(共计 1 个),线路区间设置发射天线
	车辆基地	在 ZZ 设置车辆段 1 处,提供车辆停放及日常保养、车辆检修、列车救援、系统设备维修、材料供应、技术培训功能,占地 26.25 hm²
	挡护工程	设计挡土墙 217050 m³

续表

项目组成		规　　　模
环保工程	污水处理工程	车辆段及车站污水处理系统 6 套
	降噪工程	一般直立声屏障 180 m,半封闭声屏障 5030 m,全封闭声屏障 5470 m(其中一般预留直立声屏障 180 m,半封闭声屏障 3680 m,全封闭声屏障 1710 m);预留声屏障安装条件
临时工程	弃渣场、施工便道、施工驻地、材料制作场、小型填料堆放场站、铺轨基地	弃渣场 7 处/25.83 hm²、施工便道 10.67 km/4.4 hm²、施工驻地 2 处/0.10 hm²、材料制作场 1 处/1.33 hm²、小型填料堆放场站 1 处/2.00 hm²、铺轨基地 1 处/2.67 hm²(布设在 ZZ 车辆段内)

项目土石方工程量						
项目组成	单位	挖方	填方	外借	弃方	说明
拟建铁路	×10⁶ m²	4.1312	2.4795	——	1.6516	自然方

注:ZZ 车辆段内将设置 3~5 个基准灶头的中型食堂。

5.2　建设项目周围环境概况

5.2.1　项目涉及环境保护目标

工程沿线未涉及饮用水水源保护区、基本农田保护区、自然保护区、风景名胜区、文物古迹等需要特殊保护的地区。本工程大部分为地下线或高架线,不占用沿线森林和绿地资源,且工程建设不涉及生态功能区重点保护的"四山"、风景名胜区等生态敏感区域,仅涉及 AA 市级森林公园。穿越 AA 市级森林公园段仅约 3.9 km,全部以地下线形式穿越,对森林公园景观、植被及生态功能均没有影响。

1. 地表水保护目标

工程沿线主要水体有长江、某河,为本项目污水的最终收纳水体。本项目跨越某河。通过调查可知,项目沿线未经集中式饮用水水源。项目跨越沿线地表水体均不涉及饮用水水源保护区。

工程地表水环境保护目标见表 5.4。

表 5.4　地表水环境保护目标

水体名称	与工程位置关系	水体功能	执行标准
长江	本工程施工期和营运期的生活污水经沿线城镇污水处理厂处理后的最终纳污水体	饮用水水源及工业用水、渔业用水,某污水处理厂纳污河流	Ⅲ

水体名称	与工程位置关系	水体功能	执行标准
某河	本工程 YAK47＋950、YAK48＋300、YAK48＋970 设大桥跨越。跨越处河宽6～8 m,无涉水桥墩	无水域功能,某污水处理厂纳污河流	—

2.地下水保护目标

工程沿线地下水环境保护目标见表5.5。

表5.5 地下水环境保护目标

保护目标	路线与水环境保护目标位置关系	影响因素	环境特征
某山隧道隧址地下水	地下区间 YAK49＋614—YAK53＋548	隧道建设可能导致隧道顶部地下水漏失,影响居民生产生活用水安全	某山隧道顶部两处居民点均饮用自来水;YAK50＋300 左侧59 m 处存在 AA 森林公园的景观水体,水体面积 0.39 hm²
ZZ 车辆段地下水	YAK68＋700 路右	车辆段运营过程地表径流、生产生活污水可能对地下水质产生污染,废油等对地下水质有污染风险	工程区地下水类型为砂岩裂隙层间水兼风化裂隙水,区域以砂岩(裂隙)含水为主,泥岩相对隔水,富水性不高

3.环境振动保护目标

正线评价范围内共有环境振动敏感点10处。其中现有敏感点3处,含2处居住区、1处学校;规划敏感点4处,均为居住用地;3处在建区域,皆为居住用地。具体见表5.6。正线现有受影响人数约1.2万人,规划受影响人数约3.9万人。工程线路辅线两侧60 m范围未涉及敏感点。

4.二次结构噪声敏感点

正线工程运营期受二次结构噪声影响的现有环境敏感点有1处,为居住区。车辆段出入线无二次结构噪声敏感点。具体二次结构噪声敏感点统计结果见表5.6。

5.声环境保护目标

正线评价范围内共8处声环境敏感点。其中现有敏感点3处,含2处居住区、1处学校;规划敏感点3处,均为居住用地;2处在建区域,均为居住用地。具体参见表5.7。正线现有受影响人数约1.7万人,规划受影响人数约5.6万人。风亭、冷却塔、车辆段评价范围内共4处声环境敏感点,其中2处规划居住用地,2处现有居民点(表5.8)。某新城南站变电所存在1处声环境敏感点,为厂界西侧35 m处规划居住用地。

6.大气环境保护目标

工程运营期受车站风亭异味影响的环境敏感点共有2处,为规划居住用地。地下段风亭均设置在地下段两端,主要沿城市主干道布设,周边以绿地和规划工业区为主,周边无敏感点。具体大气环境敏感点统计结果见表5.9。

表5.6 环境振动敏感点一览表

车站区间	序号	敏感点	敷设方式	构筑物形式	单双线	施工方式	起点	讫点	长度/m	位置	距右线/m	距左线/m	地面标高/m	轨面标高/m	相对高度/m	30m以内	30~60m	60~200m	评价范围内敏感点总体情况	与交通干道沿线距离/m	使用功能	建筑结构类型	振动标准
某站至YY站	1	在建AA公租房D组团及规划居住用地	地上	高架桥	双线	钻孔桩法	YAK47+520	YAK47+900	380	右	38	73	260	274	-14	0	150	900	4栋砼33在建住宅楼,1栋砼3商铺,约1050户,规划居住户数约1050户	某路75	居住	框架/I类	75、72/80、80
	2	在建AA某镇某村安置房#	地下	隧道	双线	钻爆法	YAK50+750	YAK50+780	30	左	0	0	381	261	120	—	—	—	12栋砼2住宅,在建	—	居住	砖/II类	70、67/80、80

续表

车站区间	序号	敏感点	线路特征				起点	迄点	与线路的相对位置							敏感点规模（户）			评价范围内敏感点总体情况	与交通干道路沿距离/m	使用功能	建筑结构类型	振动标准
			敷设方式	构筑物形式	单双线	施工方式			长度/m	位置	距右线/m	距左线/m	地面标高/m	轨面标高/m	相对高度/m	30 m 以内	30~60 m	60~200 m					
某站至YY站	3	规划居住用地	地上	高架桥	双线	钻孔桩法	YAK54+730	YAK55+183	453	右	15	20	254	310	−56	—	—	—	规划居住户数约1600户	某路10	居住	框架/I类	75、72/80、80
	4	规划居住用地	地上	高架桥	双线	钻孔桩法	YAK55+700	YAK55+950	250	右	30	35	311	335	−24	—	—	—	规划居住户数约600户	某路20	居住	框架/I类	75、72/80、80
YY站至ZZ东站	5	CC区ZZ街道AA小区	地上	高架桥	双线	钻孔桩法	YAK59+670	YAK59+900	230	左	92	87	374	394	−21	0	0	1250	6栋砼24~35住宅，共约1250户，前有2层商铺，2000年后建筑	AA大道20	居住	框架/I类	75、72/80、80

续表

车站区间	序号	敏感点	线路特征				与线路的相对位置									敏感点规模（户）			评价范围内敏感点总体情况	与交通干道沿距离/m	使用功能	建筑结构类型	振动标准
			敷设方式	构筑物形式	单双线	施工方式	起点	讫点	长度/m	位置/m	距右线/m	距左线/m	地面标高/m	轨面标高/m	相对高度/m	30 m 以内	30～60 m	60～200 m					
ZZ东站至ZZ西站	6	CC区ZZ街道BB小区	地上	高架桥	双线	钻孔桩法	YAK60+700	YAK61+100	400	左	47	42	380	397	−17	0	1200	950	6栋砼住宅,1栋砼住宅,7在建砼住宅,8在建栋砼住宅,前有2层商铺,2000年后有建筑	AA大道 30	居住	框架/I类	75、72/80、80
	7	规划居住用地	地上	高架桥	双线	钻孔桩法	YAK64+000	YAK65+000	1000	右	40	45	345	350	−5	—	—	—	规划居住户数约2500户	AA大道 30	居住	框架/I类	75、72/80、80

续表

车站区间	序号	敏感点	线路特征				与线路的相对位置									敏感点规模(户)			评价范围内敏感点总体情况	与交通干道路沿距离/m	使用功能	建筑结构类型	振动标准
			敷设方式	构筑物形式	单双线	施工方式	起点	讫点	长度/m	位置/m	距右线/m	距左线/m	地面标高/m	轨面标高/m	相对高度/m	30 m以内	30~60 m	60~200 m					
ZZ西站至TT新城北站	8	CC区某小学校	地上	高架桥	双线	钻孔桩法	YAK66+510	YAK66+550	40	左	57	52	321	325	-4			24	砖5教学楼、砖4综合楼、砖6住宅楼(有24户约80人)、2000年前建筑。12个班、学生450人、教职工46人,2 m高围墙	BB大道34	学校	砖/Ⅱ类	70、67
TT新城北站至TT新城南站	9	规划居住用地	地下	地下段	双线	钻孔爆法	YAK71+000	YAK72+335	1335	左右	30	35	277	250	27				规划居住户数约1000户	BB大道30	居住	框架/Ⅰ类	75、72/80、80
	10	在建某小区	地上	高架桥	双线	钻孔桩法	YAK73+800	YAK73+960	160	右	45	50	220	248	-28	0	300	500	在建3栋30住宅楼	—	居住	框架/Ⅰ类	75、72/80、80

注：#表示二次结构噪声敏感点。

表 5.7　声环境敏感点一览表

车站区间	序号	敏感点	线路特征				与线路的相对位置									敏感点规模（户）			评价范围内敏感点总体情况	与交通干道路沿距离/m	使用功能	建筑结构类型	声环境现状/环评标准
			敷设方式	构筑物形式	单双线	施工方式	起点	讫点	长度/m	位置/m	距右线/m	距左线/m	地面标高/m	轨面标高/m	相对高度/m	30 m以内	30~60 m	60~200 m					
某站至YY站	1	在建AA区某公租房D组团及规划居住用地	地上	高架桥	双线	钻孔桩法	YAK47+520	YAK47+900	380	右	38	73	260	274	-14	0	150	900	4栋砼在建住宅楼,1栋砼商铺,约1050户,规划居住户数约1050户	某路75	居住	框架/Ⅰ类	4a、2/4b,2
	2	规划居住用地	地上	高架桥	双线	钻孔桩法	YAK54+730	YAK55+183	453	右	15	20	254	310	-56	—	—	—	规划居住户数约1600户	某路10	居住	框架/Ⅰ类	4a/4b,2

续表

车站区间	序号	敏感点	线路特征				与线路的相对位置									敏感点规模（户）			评价范围内敏感点总体情况	与交通干道路沿距离/m	使用功能	建筑结构类型	声环境现状/环评标准
			敷设方式	构筑物形式	单双线	施工方式	起点	讫点	长度/m	位置/m	距右线/m	距左线/m	地面标高/m	轨面标高/m	相对高度/m	30 m以内	30~60 m	60~200 m					
YY站至ZZ东站	3	规划居住用地	地上	高架桥	双线	钻孔桩法	YAK55+700	YAK55+950	250	右	30	35	311	335	-24	—	—	—	规划居住户数约600户	某路20	居住	框架/I类	4a/4b,2
	4	CC区ZZ街道AA小区	地上	高架桥	双线	钻孔桩法	YAK59+670	YAK59+900	230	左	92	87	374	395	-21	0	0	1250	6栋砼24~35住宅，共约1250户，前有2层商铺，2000年后建筑	AA大道20	居住	框架/I类	4a/4b,2

续表

车站区间	序号	敏感点	线路特征				与线路的相对位置									敏感点规模（户）			评价范围内敏感点总体情况	与交通干道沿距离/m	使用功能	建筑结构类型	声环境现状/环评标准
			敷设方式	构筑物形式	单双线	施工方式	起点	讫点	长度/m	位置/m	距右线/m	距左线/m	地面标高/m	轨面标高/m	相对高度/m	30 m以内	30~60 m	60~200 m					
ZZ东站至ZZ西站	5	CC区ZZ街BB小区	地上	高架桥	双线	钻孔桩法	YAK60+700	YAK61+100	400	左	47	42	380	397	−17	0	1200	950	6栋砼住宅、1栋砼30住宅30在建住宅、7栋砼住宅8在建住宅，前有2层商铺，2000年后建筑	AA大道30	居住	框架/Ⅰ类	4a/4b,2
	6	规划居住用地	地上	高架桥	双线	钻孔桩法	YAK64+000	YAK65+000	1000	右	40	45	345	350	−5	—	—	—	规划居住户数约2500户	AA大道30	居住	框架/Ⅰ类	4a/4b,2

续表

车站区间	序号	敏感点	线路特征				与线路的相对位置									敏感点规模（户）			评价范围内敏感点总体情况	与交通干道路沿距离/m	使用功能	建筑结构类型	声环境现状/环评标准
			敷设方式	构筑物形式	单双线	施工方式	起点	讫点	长度/m	位置/m	距右线/m	距左线/m	地面标高/m	轨面标高/m	相对高度/m	30 m以内	30~60 m	60~200 m					
ZZ西站至TT新城北站	7	CC区某小学校	地上	高架桥	双线	钻孔桩法	YAK66+510	YAK66+550	40	左	57	52	321	325	-4	—	—	24	砖5教学楼、砖4综合楼、砖6住宅（有24户约80人），2000年前建筑。12个班，学生450人，教职工46人，教学楼46.2 m高的围墙	BB大道34	学校	砖/Ⅱ类	2
TT新城北站至TT新城南站	8	在建某小区	地上	高架桥	双线	钻孔桩法	YAK73+800	YAK73+960	160	右	45	50	220	248	-28	0	300	500	在建3栋30住宅楼	—	居住	框架/Ⅰ类	4a/4b,2

表 5.8　受风亭、冷却塔、车辆段噪声影响环境敏感点

路段	序号	敏感点	相对位置	敏感点基本情况		声环境标准
				建筑物	功能	
YY 站 YAK55＋540—YAK55＋660	1	规划居住用地 YAK55＋700	一座排风亭约 30 m、一座活塞风亭约 30 m、一座冷却塔 30 m	规划居住用地	居住	4a
TT 新城北站 YAK69＋769.2—YAK69＋955	2	规划居住用地 YAK69＋955	一座排风亭约 30 m、一座活塞风亭约 30 m、一座冷却塔 30 m、一个变电所 30 m	规划居住用地	居住	4a
ZZ 车辆段	3	ZZ 石岚垭	距离试车线 30 m	居民点	居住	2
	4	某石坝	距离出入线 120 m	居民点	居住	4a

表 5.9　受风亭异味影响环境敏感点

路段	序号	敏感点	相对位置	敏感点基本情况	
				建筑物	功能
YY 站 YAK55＋540—YAK55＋660	1	规划居住用地 YAK55＋700	一座排风亭约 30 m、一座活塞风亭约 30 m	规划居住用地	居住
TT 新城北站 YAK69＋769.2—YAK69＋955	2	规划居住用地 YAK69＋955	一座排风亭约 30 m、一座活塞风亭约 30 m	规划居住用地	居住

7. 电磁环境保护目标

为保证列车运行需要,本项目拟建 2 座 110 kV 交流牵引变电所,分别位于 ZZ 西站和 TT 新城南站。ZZ 西站拟建厂址现为荒地,周围无环境敏感点;TT 新城南站拟建厂址现为铁路的施工场地。变电所主要环境敏感点见表 5.10。

表 5.10　变电所主要环境敏感点一览表

位置	敏感点	影响因子	与铁路的位置关系	与站界的最近距离/m	与铁路边轨中心线最近距离/m	敏感点情况
一、牵引变电所						
TT 新城南站牵引变电所	某在建住宅楼	工频电场、工频磁场	铁路右侧	35	45	在建住宅楼,3 砼 30 住宅楼
二、通信基站						
TT 新城南站通信基站	某在建住宅楼	电场强度、功率密度	铁路右侧	35(基站位于站厅内,敏感点距离发射天线的距离为 39 m)	45	在建住宅楼,3 砼 30 住宅楼

位置	敏感点	影响因子	与铁路的位置关系	与站界的最近距离/m	与铁路边轨中心线最近距离/m	敏感点情况
三、列车运行线路						
某站至YY站	AA区某公租房B、C组团及规划居住用地	信噪比	铁路右侧	—	60	4栋砼33在建住宅楼,1栋砼3商铺,约1050户
	AA区某镇双河村	信噪比	铁路两侧	—	38	砖2/3住宅,约9户,临路第一排3户,2000年后建筑
	规划居住用地	信噪比	铁路右侧	—	15	—
	规划居住用地	信噪比	铁路右侧	—	45	—
YY站至ZZ东站	规划居住用地	信噪比	铁路右侧	—	30	—
	规划居住用地	信噪比	铁路左侧	—	38	—
	规划居住用地	信噪比	铁路左侧	—	10	—
ZZ东站至ZZ西站	规划居住用地	信噪比	铁路两侧	—	42	—
	规划商住用地	信噪比	铁路左侧	—	45	—
	规划商住用地	信噪比	铁路右侧	—	40	—
TT新城北站至TT新城南站	规划北师大CC附属学校	信噪比	铁路右侧	—	47	—
	规划居住用地	信噪比	铁路右侧	—	50	—
	某在建住宅楼	信噪比	铁路右侧	—	45	在建住宅楼,3砼30住宅楼

8. 生态环境保护目标

拟建工程生态环境主要保护目标见表 5.11。

表 5.11　生态环境主要保护目标

保护对象	位置	主要影响因素	环境特征
耕地	全线	永久占地、临时占地	占用耕地 33 hm²，不涉及基本农田
沿线植被及野生植物	全线	永久占地、临时占地	评价区自然植被有 3 个植被型、3 个群系组、3 个群系（包括人工和自然植被），自然植被极少，主要分布于某山隧道上方
沿线野生动物	全线	永久占地、临时占地，铁路施工与营运	爬行类、两栖类及鸟类等野生动物及生境，主要分布于某山隧道上方
AA 森林公园	中梁山隧道 YAK49＋850—YAK50＋600 段下穿	施工时地下水漏失对森林公园植被的间接影响	隧道进出口距森林公园边界最近为 190 m 外，高差在 85 m 左右。隧道正上方为某湖景区，距离较近的景点是某湖和某拐，均为二级景点。隧址植被以马尾松林地为主
水土保持	全线	路基边坡、弃渣场、施工营地以及施工便道等临时设施	全线共设置 7 处弃渣场

9. 社会环境保护目标

社会环境主要保护目标见表 5.12。

表 5.12　社会环境主要保护目标

序号	保护目标	环境特征	影响因素
1	征地、拆迁户	本工程推荐方案全线拆迁建筑物 18627 m²，共涉及 72 户，主要集中在某至某山隧道进口、YY 车站、TT 新城北站和 ZZ 车辆段	拆迁，交通阻隔、对居民生活质量的影响等
2	线路附近非拆迁户	线路附近未涉及拆迁的住户	施工粉尘、噪声对居民生活质量的影响
3	学校	线路经某小学、重庆某职业技术学院附近	学生出行安全、生活等影响
4	AA 区、BB 区、ZZ 新区及 CC 区 TT 新城总体规划	线路经规划工业用地、居住用地、绿地	对城市总体规划的影响

续表

序号	保护目标	环境特征	影响因素
5	基础设施	交通设施:沿线有某路、AA 大道、BB 大道,成渝铁路某支线、渝黔铁路某支线;工程区需抬升、改建电力、电讯线 2085 m。车辆段涉及改移地方道路 500 m	完善及建立综合运输网,对基础设施的占用及破坏等
6	文物古迹、矿产资源、旅游资源	文物古迹、矿产资源、旅游资源不丰富	促进旅游以及其他资源开发;对文物古迹和矿产的影响

10. 施工场地周边环境敏感点

项目沿线的施工场地主要利用主线永久占地,另外布设了 4 处施工场地,施工场地周边声、大气环境敏感点共 5 处。各施工场地周边的环境敏感点见表 5.13。

表 5.13　施工场地周边声、大气环境敏感点

区间	施工场地位置	序号	环境敏感点	特征	方位	距离/m	声环境标准
YY 站至 ZZ 东站	材料堆场 YAK56＋300	1	某公租房	在建高层住宅	E	50	4a
ZZ 西站至 TT 新城北站	施工驻地 YAK67＋500	2	某社区 1	砼 2 住宅	N	40	4a
	材料堆场 YAK69＋700	3	某社区 2	砖 2 住宅	SE	50	4a
ZZ 车辆段铺轨基地		4	ZZ 镇某垭	砖 2 住宅	SW	28	2
		5	ZZ 镇某坝	砖 2 住宅	NE	20	4a

11. 钻爆法施工周边环境敏感点

本工程施工期共用钻爆法施工 3830 m,施工线路周边振动敏感点共 5 处,见表 5.14。

表 5.14　工程钻爆法施工敏感点一览表

区间	序号	敏感点	与线路的相对位置						敏感点基本情况		
			起点	讫点	长度/m	方位	水平距离/m	相对高差/m	特点	功能区	建筑结构类型
某站至 YY 站	1	AA 区某镇某村安置房	YAK50＋750	YAK50＋780	30	下穿	0	120	12 栋砖 2 住宅,在建	居住	砖/Ⅱ类

续表

区间	序号	敏感点	与线路的相对位置						敏感点基本情况		
			起点	讫点	长度/m	方位	水平距离/m	相对高差/m	特点	功能区	建筑结构类型
	2	BB 区某镇某沟	YAK52+450	YAK52+650	200	下穿	0	122	6 栋砖2住宅，2000 年后建筑	居住	砖/Ⅱ类
ZZ 西站至 TT 新城北站	3	规划工业用地	YAK67+200	YAK68+000	800	右	0	46	规划	工业	框架/Ⅰ类
	4	规划工业用地	YAK67+200	YAK68+700	1500	左右	55	43	规划	工业	框架/Ⅰ类
	5	规划居住用地	YAK71+000	YAK72+300	1300	下穿	30	27	规划	居住	框架/Ⅰ类

5.2.2　环境质量概况

1．声环境质量现状

交通噪声 24 h 连续监测结果表明，沿线主干道车流量大，交通噪声皆出现超标。环境噪声监测结果表明，项目沿线 13 个监测点中某家园、某湖小区、拟建某大学附属学校以及 ZZ 车辆段侧的某社区满足相应的声环境功能区要求，其余监测点位主要受交通噪声影响，不能满足《声环境质量标准》(GB 3096—2008)中相应的 2 类或 4a 类标准。

2．环境振动质量现状

项目沿线 7 处环境振动现状监测点位中工程沿线环境振动现状值昼间为 55.8~67.6 dB，夜间为 52.9~63.2 dB，均满足《城市区域环境振动标准》(GB 10070—88)中相应的功能区标准。

3．地表水环境质量现状

根据某年某月重庆市的自动监测水质周报，长江某坝断面的水质满足《地表水环境质量标准》(GB 3838—2002)Ⅲ类标准。类比 CC 区环境监测站某年某月某日对某长江大桥断面的监测结果，该断面能满足《地表水环境质量标准》(GB 3838—2002)Ⅲ类标准。

4．环境空气质量现状

环境空气监测结果表明，NO_2、SO_2 最大浓度占标率均小于 100%，PM_{10} 最大浓度占标率大于 100%。拟建项目周边无产生粉尘的工业企业，其 PM_{10} 超标，主要是由于监测期间周边道路、桥梁、商品房小区施工产生了扬尘，正常情况下，区域环境质量应较好。

5．生态环境质量现状

根据《重庆市生态功能区划》(修编)，拟建工程沿线地区大部分属于都市核心生态恢复生态功能区,江津-綦江低山丘陵水文调蓄生态功能区。

本项目所在地土地以旱地和建设用地为主,有少量四旁树林地及荒草地,植物多为人工栽培,动物稀少,且为广布种、常见种,多适应人居环境。

据资料记载,项目评价范围内植被有 3 个植被型、3 个群系组、3 个群系;项目沿线评价区内未发现古树名木,也无野生保护植物分布。总体而言,受城市化的影响,工程区域已无自然植被和野生动物栖息地,陆生生物多样性不丰富。

6. 电磁环境质量现状

从现状监测结果来看,拟建项目关心点位工频电场强度背景值为 8.3 V/m,远小于《电磁环境控制限值》(GB 8702—2014)推荐执行的工频电场标准值(4 kV/m);磁感应强度背景值为 60.0 nT,远小于《电磁环境控制限值》(GB 8702—2014)推荐执行的工频磁场标准值(0.1 mT)。

项目所在地电场强度为 0.24 V/m、功率密度为 0.0001 W/m²,均远远低于《电磁环境控制限值》(GB 8702—2014)中规定的公众环境电磁辐射综合场强 12 V/m、功率密度 0.4 W/m² 的限值要求。

由现状监测结果可知,拟建项目所在地电磁环境较好。

7. 地下水环境现状

本项目周边无涉及地下水的环境敏感区,地下水主要适用于集中式生活饮用水水源及工农业用水。拟建项目区域地下水类型主要为松散岩类孔隙水、碎屑岩类孔隙裂隙水、碳酸盐岩类裂隙溶洞水、基岩裂隙水 4 大类。

拟建项目某山 YAK50 + 765 隧道顶部存在 AA 区某镇某村安置房,YAK52 + 450—YAK52 + 650 两侧各 500 m 范围内零散存在约 30 户居民,居民饮用水为自来水。

5.3 工 程 分 析

5.3.1 施工期污染源及污染物分析

1. 噪声

本工程施工期噪声主要是明挖施工、钻爆施工及车辆运输产生的噪声,因此噪声源主要集中于明挖段、隧道出渣口以及车辆运输段。

施工过程中将使用挖掘机、装载机、风镐等施工机械,这些施工机械在进行施工作业时产生噪声,成为对邻近敏感点有较大影响的噪声源。本工程各类施工机械噪声源强见表 5.15。

表 5.15 各类施工机械噪声源强

序号	施工机械	噪声源强/dB(A)	声源特点	常处位置
1	空压机	86~90	定点连续作业	区间隧道、施工场地
2	压路机	81~88	移动声源	明挖地下车站
3	装载机	86~90	移动、间断	明挖车站、出渣口

续表

序号	施工机械	噪声源强/dB(A)	声源特点	常处位置
4	挖掘机	85～89	移动、间断	地下车站
5	柴油发电机	87～92	定点、间断	基地、区间隧道、地下车站
6	推土机	86	移动、间断	场平
7	铺轨机	93	移动、间断	隧道
8	风镐	95	定点、间断	隧道
9	钢筋加工	81～86	定点、连续	施工场地
10	重型运输车	80～86	移动、间断	原辅材料、渣土运输

注：表中噪声源强为距施工机械 5 m 处的噪声值。

2. 振动

本工程地下段工程采用了明挖法和钻爆法两种施工方式，以钻爆法施工方式为主。明挖法线路共 0.68 km，钻爆法线路共 8.55 km。爆炸产生的振动是工程施工过程中的一个重要的振动源。明挖施工过程中振动源主要有重型施工机械运转、空压机、风镐、推土机、压路机等产生的振动。

（1）施工机械振动源强

本工程施工常用机械在作业时产生的振动值见表 5.16。

表 5.16　常用施工机械振动源强

施工机械	垂　向　Z　振　级/dB		
	距离振源 5 m	距离振源 10 m	距离振源 20 m
挖掘机	84～86	77～84	74～76
空压机	84～85	81	74～78
风镐	88～92	83～85	78
推土机	83	79	74
压路机	86	82	77

（2）爆破振动源强

爆破作业产生振动的影响范围因爆破方式、装药量、地质条件等因素的不同而不同。通过类比法可知，本工程以 0.5 kg 炸药爆破时在 18 m 处的最大声级为 91.2 dB。

3. 废气

（1）本工程的房屋拆迁、土石方开挖、出渣装卸、混凝土施工和材料运输等施工活动都将产生扬尘。

① 拆迁：在房屋拆迁活动中，各种细小颗粒在外力作用下形成扬尘，另外在施工场地清理和建筑垃圾堆放、运输过程中也会造成扬尘污染。

② 开挖：线路的基础施工、车辆段的开工建设，产生许多施工裸露面，施工机具作业时

产生扰动扬尘。

③ 车辆运输：车辆在施工区行驶时，搅动地面尘土，产生扬尘；渣土在装运过程中，如果压实和掩盖措施不力，渣土在高速行驶和颠簸中极易遗撒到道路上，经车辆碾压、搅动形成扬尘；运输车辆行驶出施工场地时，其车轮和底盘通常会携带一定数量的泥土，若车辆冲洗措施不力，携带出的泥土将遗撒到道路上，从而形成扬尘。

（2）工程施工主要以燃油机械设备为主，施工作业时产生的燃油废气，主要含有 CH、NO_2、CO 等。

4. 废水

工程采用商品混凝土，不存在混凝土搅拌废水。轨道梁、隧道预制板均为现浇，无预制废水产生。

本工程施工期产生的废水主要为施工人员生活污水及场地废水。场地废水主要为施工机械、车辆和施工场地的冲洗废水以及隧道施工时产生的渗水。冲洗废水、隧道渗水经过收集沉淀以后回用。生活污水经生化池简单处理达标后排入市政污水管网，其中施工场地食堂产生的含油废水需经隔油池处理后，再经生化池处理。

拟建工程的桥梁无涉水桥墩施工，施工期对沿线受纳水体的水质无影响。

5. 固体废物

施工期产生的固体废物主要有工程弃渣土、建筑垃圾以及施工人员的生活垃圾。

6. 生态破坏

工程征地、开辟施工营地和施工场地及新建施工便道等各种工程行为将不同程度地占用土地、扰动地表、破坏植被和侵蚀土壤，影响城市生态景观。尤其在雨季，将不可避免地加剧工程范围内的水土流失。

7. 地下水

工程在隧道施工过程中，部分路段可能导通层状砂岩裂隙含水层，可能造成局部地下水位下降。

8. 社会环境影响

施工准备过程中征用的土地对居民生活造成一定的影响。同时施工作业占用和破坏城市道路，增加了城市道路的负荷，极容易造成道路堵塞，给周边居民出行造成不便。

5.3.2 运营期污染源及污染物分析

1. 运营期噪声源强分析

工程运营期的噪声源可分为列车运行噪声、设备噪声（风亭、冷却塔噪声）、车辆段噪声和变电所噪声。

（1）列车运行噪声来源

本工程选用钢轮钢轨制式 As 双流制列车，列车运行噪声主要为机车牵引噪声、机车与轨道相互作用产生的轮轨噪声、减速箱产生的噪声、列车制动噪声等。As 双流制列车，宽度与普通 A 型车一致。其噪声源强根据国内已有钢轮钢轨式轨道交通工程实测值进行类比分析，类比条件见表5.17。

表 5.17　与其他轨道交通噪声源强参数类比分析表

运营线路	车型	编组（节）	车速/(km/h)	等效声级/dB(A)	运行方向	线路条件	测量地点	测点距轨道/m
某线一期	A	6	50～60	86.1～89.8	近轨	整体道床、混凝土短枕、WJ-21 扣件、60 kg/m 长轨	高架线路	7.5 m

注：噪声监测点与轨道中心线距离为 7.5 m，距离轨面高度 1.5 m。

本工程车辆类型、编组、线路条件与某线一期工程基本相同，评价类比某线一期工程确定列车在高架段运行时噪声源强，根据最高运行速度进行速度修正。速度修正公式参见《环境影响评价技术导则　城市轨道交通》(HJ 453—2018)。噪声源经修正后，本工程列车运行时速为 120 km/h 时，噪声源强为 98.8 dB(A)。声环境敏感点噪声，根据速度牵引曲线进行速度修正，具体见表 5.18。

表 5.18　本工程列车运行噪声源强

运营线路	车型	编组	线路类型	线路条件	车速/(km/h)	声级/dB(A)	备注
本项目	As	远期 6 列	高架	整体道床、60 kg/m 钢轨、无缝线路	120	97.8	速度修正 8 dB
			地面	整体道床、60 kg/m 钢轨、无缝线路	120	100.8	速度修正 11 dB

注：确定的源强测点与轨道中心线距离为 7.5 m，距离轨面高度 1.5 m。

（2）风亭、冷却塔噪声

本工程各类风机、冷却塔主要设置在地下车站处。通风机组设于地下车站的站厅层。风机及冷却塔噪声源强通过与某线轨道交通设备噪声源强实际测量结果类比确定，本工程各类风亭噪声源强见表 5.19。

表 5.19　本工程各类风亭类比条件及源强

噪声源	测点位置	声级/dB(A)	采取的措施	相关条件
排风井	距风口 4 m	66.5	设有 3 m 长消声器	风量：60 m³/s，P = 1000 Pa
新风井	距风口 3.5 m	59.0	设有 2 m 长消声器	风量：30 m³/s，P = 1000 Pa
活塞风井	距风口 4 m	65.0	事故风机前后各有 2 m 长消声器	风量：45 m³/s，P = 1000 Pa
冷却塔	距塔体 2.5 m	72.7	低噪声冷却塔	2 台冷却塔同时运行
隧道中间风井	距地面风口 1 m	79.0	事故风机前后各设 2 m 长消声器	风量：90 m³/s，P = 1000 Pa 列车通过时

（3）车辆段噪声

车辆段噪声源主要有设备噪声和列车进入车辆段产生的流动噪声。

① 设备噪声

车辆段的主要噪声源有洗车机、起重机、除尘式砂轮机、车辆段内分立式吹吸设备等。车辆段的主要噪声设备布置靠近西南厂界,距离东南厂界大于 200 m,因此本次评价仅对设备噪声对西南厂界的贡献值进行预测评价。设备噪声值见表 5.20。

② 流动噪声

本工程试车在 ZZ 车辆段内试车线进行,试车线长度为 960 m。试车最高运行速度为 80 km/h,噪声值约为 91.8 dB(A)。列车在车辆段出入线上的最高运行速度为 65 km/h,按照以上列车运行噪声源强修正后,列车在 65 km/h 的速度下行驶,噪声值约为 90.8 dB(A)。列车在车辆段内场内线的运行速度约为 5 km/h,噪声源强约为 57.4 dB(A)。

表 5.20 ZZ 车辆段内设备的噪声值以及布置情况

位置	噪声源	设备噪声		与厂界最近距离	
		距离/m	噪声源强/dB	方位	距离/m
停车列检库	除尘式砂轮机	1	91	NW	65
	钻床	1	90	NW	65
	移动空压机	1	90	NW	65
	分立式吹吸设备	3	72	NW	65
镟轮库	起重机	5	70	NW	145
洗车库	洗车机	3	70	NW	158
周月检库	起重机	5	70	NW	180
	除尘式砂轮机	1	91	NW	180
	钻床	1	90	NW	180

(4)变电所噪声

变电所的主要噪声源为变压器及配套风机产生的噪声。根据设备说明书及实测经验,油浸自冷式变压器声压级最大为 65 dB,具有频率低、衰减慢、传播远的特点;风机噪声级为 67 dB,在每台主变旁有 2 台配套风机,因风机距离主变较近,将每台主变及附近 2 台风机噪声进行叠加,单台主变与邻近风机叠加后噪声级为 71 dB。

2. 运营期振动源强分析

本工程运营期振动主要为列车车轮与钢轨之间产生的撞击振动,地下区段经轨枕、道床传递至隧道顶,再传递给地面,从而对周围区域产生振动干扰。振动源强主要取决于车辆轴重及列车行驶速度。本项目采用 As 双流制列车,车型介于 A、B 型车之间。国内主要城市地铁列车运行振动源强见表 5.21。

表 5.21 国内主要城市地铁列车运行振动源强

线路名称	车型	车辆长度/(m/辆)	车辆自重/(t/辆)	列车编组/(辆/列)	列车速度/(km/h)	测点距轨道/m	VL_{Zmax}/dB
重庆 1 号线	B	19.0	34.5	6	70	0.5	88.6
广州 1 号线	A	24.4	37	6	60	0.5	87.0

续表

线路名称	车型	车辆长度/(m/辆)	车辆自重/(t/辆)	列车编组/(辆/列)	列车速度/(km/h)	测点距轨道/m	VL_{Zmax}/dB
上海 1 号线	A	23.5	38	6	60	0.5	87.4
天津 1 号线	B	19.0	37	6	60	0.5	87.0
北京太平湖车辆段试车线（地面段）	A	19.0	37	6	60	5.0	79.5
武汉 1 号线（高架段）	B	19.0	35.5	4	55	7.55	70
本项目	As	20.0	34	6			

由表 5.21 可以看出，各车型 60 km/h 的地下段振级相差不大。本项目设计列车运行时速为 120 km/h，修正公式采用《环境影响评价技术导则　城市轨道交通》（HJ 453—2018）附录公式。

振动源强经修正后，地下线段距离轨道 0.5 m 处源强值 VL_{Z10} 为 90.0 dB。

对于地面段，经修正后距离轨道 7.5 m 处源强值 VL_{Z10} 为 79.1 dB。

对于高架段，修正后地面垂直桥梁、距离轨道 7.5 m 处源强值 VL_{Z10} 为 73.8 dB。

根据预测，工程运营前后环境振动敏感目标的最大振动级变化量约为 14.0 dB。

3. 运营期电磁辐射

（1）列车运行

轨道交通运行时，集电弓与接触网的接触电阻随时都在变化从而引起起伏电磁噪声，当集电弓与接触网出现小的跳动时产生电磁脉动，出现大跳动时产生较大电弧放电而引发电磁噪声。

本工程线路地下段列车运行产生的电磁噪声经过地表土壤的屏蔽后，对地面基本不产生影响，高架段和地面段产生的电磁噪声可能会对沿线开放电视信号接收产生一定的影响。

（2）通信基站

根据建设单位和设计单位提供的资料可知，本工程专用通信系统部分拟建设 6 个通信基站，其中 5 个车站各建设 1 个，ZZ 车辆段建设 1 个。

基站是数字移动通信系统的重要组成部分，是在一定的无线覆盖区中由移动交换中心（MSC）控制，与移动台（MS）进行通信的系统设备。基站的主要设备包括基站控制器、收发信机、功率放大器、双工器及馈线等信号收发设备以及电源柜和备用电源等辅助设备。

类比轨道某号线，本工程拟建设的 6 个基站选用摩托罗拉的 MTS4 基站，每个基站配置一个发射设备，本工程拟建的基站发射机最大发射功率为 25 W，基站发射工作频段为 851～870 MHz，接收工作频段为 806～825 MHz。

基站全向天线的等效辐射功率为 8 W，属于豁免水平，其他天线等效辐射功率在豁免值以上，因此天线发射的电磁波是本项目的主要污染源。

综上，本工程专用通信系统中的无线通信基站发射的电磁波和列车运行时产生的电磁噪声是主要污染源。

4. 运营期废水分析

本工程运营期产生的废水主要包括车站废水（生活污水、清扫废水）、车辆段废水（生活污水、洗车废水、检修废水)和变电所废水(生活污水、检修废水)。

(1)车站污水

① 生活污水

本工程各车站在站厅公共区内设有厕所,为乘客与工作人员合用;车站内不设食堂。因此,车站生活污水主要来自厕所冲洗水。

车站工作人员用水量按 50 L/(人·d)计,每个车站乘客用水人数按上下人总数(按远期人数计算)3%计,用水量按 6 L/(人·d)计,排污系数按 0.9 计。本工程 5 个车站产生生活污水共 46.1 m³/d。

各车站产生的生活污水中主要污染物为 COD、BOD_5、SS、氨氮,根据类比调查可知,本工程车站生活污水中各污染物浓度值为 COD 350 mg/L、BOD_5 150 mg/L、SS 200 mg/L、氨氮 40 mg/L。根据渝建发〔2006〕19 号中排放方式的第二条,重庆市公厕粪便污水经生化池处理后可直接排入城市污水管网。本工程各车站生活污水主要来源于厕所冲洗水,经生化池处理后各污染物浓度为 COD 200 mg/L、BOD_5 80 mg/L、SS 100 mg/L、氨氮 30 mg/L。

② 清扫废水

运营期车站将进行定时清扫,采用拖把拖地后,冲洗拖把产生废水。根据类比调查可知,每个车站清扫废水量约为 5 m³/d,5 个车站清扫废水排放量为 25 m³/d,污染物浓度为 COD 130 mg/L、BOD_5 80 mg/L、SS 400 mg/L。清扫废水直接排入市政污水管网。

(2)车辆段废水

车辆段承担本工程近期和远期配属车辆的运用、停放、双周检、三月检、清洗、清扫、临修等工作。车辆段的废水主要包括洗车废水、检修废水和生活污水。

① 洗车废水

洗车库承担配属车辆运用时的定期外部洗刷和检修前的外部清洗任务,以便保持列车外部清洁、提高车辆检修质量和改善工作条件。列车进入洗车库,经过洗车机自动清洗和人工补洗。洗车废水由沉淀池沉淀后上清液回用于洗车,剩余的排入市政污水管网。

类比某线综合基地洗车废水产生量,自动清洗用水量约为 1.0 m³/列,人工补洗用水量约为 1.6 m³/列,洗车废水回用率约为 50%。

ZZ 车辆段清洗车辆约 8 列/d(6 辆车编组),洗车废水产生量约为 20.8 m³/d,回用水量约为 10.4 m³/d,排放量为 10.4 m³/d。类比某线综合基地洗车废水水质,废水排放浓度为 COD 150 mg/L、BOD_5 100 mg/L、SS 400 mg/L、LAS 7 mg/L。

② 检修废水

车辆在检修过程中,用水对转向架及部分零部件进行清洗,此废水中石油类含量较高。ZZ 车辆段检修废水产生量约为 5.25 m³/d。污染物浓度为 COD 130 mg/L、BOD_5 80 mg/L、SS 400 mg/L、石油类 80 mg/L。检修含油废水经隔油气浮处理,处理后污染物浓度为 COD 30 mg/L、BOD_5 30 mg/L、SS 80 mg/L、石油类 4 mg/L。检修废水排入市政污水管网。

③ 生活污水

车辆段劳动定员为 740 人。人均用水量按 100 L/d 计,排污系数按 0.9 计,ZZ 车辆段生活污水排放量为 66.6 m³/d。污染物浓度为 COD 300 mg/L、BOD_5 120 mg/L、SS 150 mg/L、氨氮 35 mg/L。食堂厨房含油废水先经隔油池处理后与其他生活污水经生化池处理后排入市政污水管网,排放浓度为 COD 200 mg/L、BOD_5 80 mg/L、SS 100 mg/L、氨氮 30 mg/L。本工程各车站、车辆段周边均已经建设市政污水管网,并且已接入城市污水处理厂。

（3）变电所废水

主变电所废水主要包括少量检修废水和生活污水。

① 检修废水

变电所设备少量维修废水中石油类含量较高。ZZ 车辆段检修废水产生量约为 $0.5\ m^3/$月。污染物浓度为 COD 130 mg/L、BOD_5 80 mg/L、SS 400 mg/L、石油类 80 mg/L。

② 生活污水

变电所劳动定员为 2 人。人均用水量按 100 L/d 计,排污系数按 0.9 计,2 个变电所生活污水排放量为 $0.4\ m^3/d$。污染物浓度为 COD 300 mg/L、BOD_5 120 mg/L、SS 150 mg/L、氨氮 35 mg/L,经生化池处理后排入市政污水管网,排放浓度为 COD 200 mg/L、BOD_5 80 mg/L、SS 100 mg/L、氨氮 30 mg/L。本工程各变电所周边均已经建设市政污水管网,并且已接入城市污水处理厂。

本工程运营期车站及车辆段、变电所共产生废水 56124 m^3/a。

5. 运营期废气分析

本工程列车采用电力动车组,列车运行过程中无废气排放;除 ZZ 车辆段设中型食堂外,其他各车站不设置食堂和锅炉房。工程在运营期主要大气污染源为各车站风亭排放的异味废气,车辆段产生的砂轮机打磨废气、焊接废气和食堂油烟、吹扫废气。

（1）风亭异味

风亭异味主要因隧道及地下车站长期不见阳光,在阴暗潮湿的环境下滋生霉菌而产生霉味气体。目前尚无法确定是何种物质引起的风亭异味。根据某线对地下段风亭出口废气的监测结果,废气中苯、甲苯、二甲苯、氯苯类以及颗粒物的浓度与外界环境浓度基本相当,因此可认为风亭废气中不存在此类物质的污染。

（2）车辆段废气

① 吹扫废气

列车在运行过程中,车轮与轨道间的摩擦会产生粉尘吸附在列车底部,在 ZZ 车辆段内对车辆进行定修时要对车底进行吹扫。吹扫作业在吹扫库内采用分立式吹吸设备完成。分立式吹吸设备由移动空气压缩机提供吹扫气源,另一端的吸气设备自带除尘器,吹扫产生的含尘气体经吸气设备自带除尘器净化处理后排放。车辆吹扫产尘浓度约为1200 mg/m^3,过滤器净化处理后排放浓度约为 1.2 mg/m^3。

② 砂轮机打磨废气

ZZ 车辆段设有砂轮机,砂轮机打磨机器零部件时产生少量的粉尘。

③ 焊接烟尘

ZZ 车辆段的交流弧焊机设置有焊接工作台及烟尘净化机,焊接过程产生少量的烟尘。

④ 食堂油烟

ZZ 车辆段食堂采用天然气为能源,烟气污染物浓度值低,厨房炉灶产生一定浓度的油烟,食堂油烟由净化装置处理后,烟气达标,由专用烟道高空排放。

6. 固体废物

本工程固体废物主要为乘客、生产管理人员产生的生活垃圾,车辆段产生的污泥、废零部件、废润滑油、废煤油、废含油棉纱、污油、废蓄电池以及基站产生的废电池。

本次评价通过重庆轨道交通某线固体废物实际排放量类比分析本工程的固体废物量。

（1）一般固体废物

① 生活垃圾

生活垃圾主要来源于车站和车辆段，生活垃圾总量为 1637 kg/d。

车站生活垃圾：考虑乘客等车过程中抛弃废物以及车站管理人员、变电站值守人员产生的生活垃圾，本工程 5 座车站的生活垃圾共约 897 kg/d。

车辆段生活垃圾：ZZ 车辆段劳动定员为 740 人，按平均产生生活垃圾 1 kg/（人·d）计，生活垃圾总量约为 740 kg/d。

② 污泥

ZZ 车辆段废水处理设施产生的污泥，由废水量和 SS 浓度估算，污泥产生量为 3.65 t/a。

③ 废零部件

在车辆段内对车辆磨损的零部件等进行更换，更换零部件量为 10.45 t/a。

（2）危险废物

① 废蓄电池及废电解液

在车辆段内需在蓄电池间进行蓄电池更换、电池维修及充放电作业，产生废蓄电池、废电解液等。根据某车辆段运行情况调查类比分析，车辆段产生废蓄电池量约为 2.1 t/a、废电解液为 0.9 t/a。蓄电池间进行防腐防渗处理，并且设置围堰。变电所采用免维护蓄电池，变电所运行和检修时，无酸性废水排放，当电池发生故障时，废蓄电池由有相应处理资质的单位回收处理，产生量较少。

② 废煤油、废润滑油、废含油棉纱及污油

在 ZZ 车辆段内双周检、三月检时，除转向架外的零配件均用煤油等溶剂清洗，煤油需要进行定期更换，产生废煤油、废含油棉纱；在车辆段内需要给列车更换润滑油，产生废润滑油；隔油气浮设施产生污油。

根据某车辆段运营情况类比分析，本工程共产生废煤油 4.4 t/a、废润滑油 8.5 t/a、含油棉纱 0.57 t/a。废煤油、废润滑油、废含油棉纱及污油属于危险废物（编号为 HW08）。

本工程运营期一般固体废物及危险废物产生量见表 5.22。

表 5.22　本工程运营期一般固体废物及危险废物产生量

类别	产生点	废物名称	产生量/(t/a)	危废编号	主要成分	治理措施
一般固体废物	列车、车站、车辆段、变电所	生活垃圾	558.45		生活垃圾	交市政环卫部门
	车辆段	污泥	3.65		沉降的泥沙	送重庆市污泥处置中心
		废零部件	10.45		磨损的零部件	生产公司回收
	小计		572.55			

续表

类别	产生点	废物名称	产生量/(t/a)	危废编号	主要成分	治理措施
危险废物	车辆段	废蓄电池	2.1	HW31	含铅废电池	交有相应处理资质的单位处置
		废电解液	0.9	HW31	含铅废电解液	
		废煤油	4.4	HW08	煤油	
		废润滑油	8.5	HW08	润滑油	
		含油棉纱	0.57	HW08	油、棉纱	
		污油	0.2	HW08	隔油气浮设施产生的废油	
	变电所、基站	废电池	0.3	HW31	含铅废电池	
	小计		16.97			

7. 地下水

本工程在隧道工程施工完毕后,随着隧道堵水防护措施发挥作用,隧道直接加速地下水渗漏的作用逐渐消失,对地下水的影响主要表现为隧道和车站、车辆段的建设影响地下径流。

8. 工程占地

本工程占地共计 94.18 hm²,其中永久占地为 55.08 hm²,临时占地为 39.10 hm²。按占地类型分为耕地 32.82 hm²、林草地 47.82 hm²、交通运输用地 7.42 hm²、城镇村及工矿用地 4.14 hm²、水域及水利设施用地 1.39 hm²、其他土地 0.59 hm²。

思考题及参考答案

● 思考题 ●

1. 如何根据项目背景资料确定环境影响评价文件类型?

2. 请根据案例资料进行环境影响识别和评价因子的筛选,并列出本项目评价工作重点。

3. 请根据案例资料确定受该项目影响的环境要素的评价标准。

4. 根据项目背景资料判断该项目各环境影响要素的评价工作等级、评价范围。

5. 请列出预防或者减轻本项目不良环境影响的对策和措施。

● 参考答案 ●

1. 根据《中华人民共和国环境保护法》《中华人民共和国环境影响评价法》《建设项目环境保护管理条例》等相关法律法规及《建设项目环境影响评价分类管理名录》(2021 年版)的

有关规定,拟建项目属于"五十二 交通运输业、管道运输业"中"132. 新建、增建铁路",根据项目介绍,该项目为"涉及环境敏感区的新建铁路",故应编制环境影响报告书,具体见表5.23。

表 5.23 项目环境影响评价类别判断

项目类别		环 评 类 别		
一级	二级	报告书	报告表	登记表
五十二 交通运输业、管道运输业	132. 新建、增建铁路	新建、增建铁路(30 km 以下铁路联络线和 30 km 以下铁路专用线除外);涉及环境敏感区的	30 km 及以下铁路联络线和 30 km 及以下铁路专用线	—
环境敏感区		第三条(一)中的全部区域;第三条(二)中的全部区域;第三条(三)中的全部区域		

2. 根据项目相关资料,本项目环境影响识别和评价因子筛选、评价工作重点情况如下:
(1) 环境影响识别分析

总体上讲,铁路工程产生污染物的方式以能源损耗型(噪声、振动、电磁)为主,以物质损耗型(污水、废气)为辅;对环境的影响以对城市社会经济的影响为主,对城市自然生态环境影响为辅。拟建工程从空间上分为地下线段、高架段、主变电站和车辆段;从时间序列上分为施工期和运营期,具体分析见表5.24。

① 施工期环境影响

工程征地、开辟施工场地及便道、基础施工、材料设备和土石方运输等施工活动将占用和破坏城市道路,增加城市道路的负荷,使城市交通受到干扰,易出现交通堵塞现象。

工程占地(永久占地和施工场地等临时占地)将导致征地范围内部分绿地的消失,施工扬尘也将使沿线绿地受到不良影响。

施工中的挖掘机、重型装载机及运输车辆等机械设备产生的噪声、振动会对周围或沿线的居民区、学校、工厂等环境敏感目标产生不利影响。

施工过程中的废水以及施工工作人员驻地排放的生活污水都会对周围区域水环境造成影响。

施工对环境空气的影响主要表现为扬尘污染,主要来源于土石方开挖和运输过程;燃油施工机械产生的燃油尾气等也将影响环境空气质量。

施工对地下水的环境影响则表现为隧道施工可能打通含水层,加速地下水排泄以及注浆、施工机械漏油污染地下水水质。

② 运营期环境影响

列车运行特别是高架段运行产生的噪声以及车站变电站噪声对周边环境的影响。

列车运行产生的振动对工程沿线环境的影响。

地表水环境影响主要是因车站清扫废水及生活污水排放对受纳水体造成的影响。

环境空气影响主要是工程建成后对区域交通改善带来的减少汽车尾气排放等有利影响。

工作人员及乘客产生的生活垃圾,如不采取防治措施,也会造成二次污染。

变电站和通信基站产生电磁干扰。

隧道工程、地下车站影响地下水径流。

铁路运行对城市流通系统、经济发展及土地利用等方面的影响。

表 5.24　环境影响识别分析表

影响要素	相关的工程/环境因素	环境影响特点
生态环境	新建线路	长期/不可逆的影响;线路优化;本次环评主要通过减缓措施减轻影响、干扰
	长隧道	
	生态环境条件	
	各类环境敏感区分布	
	沿线景观	长期/不可逆的影响;通过合理的景观设计可以减缓
施工期噪声与振动、尾气与扬尘、水土流失、植被破坏、弃土处置	施工机械类型、数量	短期/不可避免的影响;采取合理的施工组织和采取防护措施可减轻对敏感目标的影响
	施工机械的噪声、振动及使用频率	
	燃油机械油耗、使用频率	
	地下段掘进方式(钻爆法和明挖法)	
	工程弃方的处理方式	
文物保护单位	线路的走向	长期/不可逆的影响;采取特殊的施工方式或工程措施减缓影响
	工程地质条件	
	文物/古迹类型与保护要求	
振动和声环境	线路走向	长期/可防护的影响;线路走向和敷设方式优化;采取工程措施在一定程度上减轻对敏感目标的影响
	轨道敷设类型/里程	
	轨道道床、扣件形式	
	机车及行驶速度	
	下穿环境敏感点方式及穿越长度	
	沿线建筑物类型和相对距离	
地下水	铁路线路走向/隧道埋深	施工期地下水疏干的影响是短期/可恢复的影响;隧道和车站导致的对地下水流动的阻流作用是长期的影响。区域地下水较匮乏,沿线群众不利用地下水作为生活饮用水水源,影响轻微
	施工区段长度/作业方式	
	水文地质条件(如含水层厚度、埋藏深度、补给/径流/排泄条件等)	
地表水	车站、车辆段、变电所废水处理	长期/可防护的影响,根据废水类型采用不同废水处理工艺
	受纳水体环境条件	
	饮用水水源保护区	
电磁辐射	变电所、基站	长期/可防护的影响
	居民电视信号	
	周围建筑物类型	

（2）环境影响筛选

根据工程在施工期和运营期产生的环境影响要素的性质、工程沿线环境特征及环境敏感程度,将本工程对各类环境要素可能产生的影响按施工期和运营期制成"环境影响识别与筛选矩阵表",具体筛选情况见表5.25。

受施工活动影响的环境因子主要是城市生态及城市景观、声环境、环境空气、水环境。运营期的主要环境影响是噪声、振动,对生态环境、水环境、环境空气和电磁环境的影响相对较小。

表 5.25　环境影响识别与筛选矩阵表

评价时段	工程内容	施工与设备	评价项目								单一影响程度判定
			噪声	振动	废水	大气	电磁辐射	弃土固废	生态环境	社会环境	
施工期	施工准备阶段	征地							−2		一般
		拆迁				−1		−1		−1	一般
		树木伐移、绿地占用							−2		一般
		施工便道	−2	−1		−1			−2		较大
	车站、路线施工	基础开挖	−1	−1		−1		−2	−1		较大
		连续墙维护、混凝土浇筑			−2						一般
		地下施工	−1	−2	−2			−2			较大
		钻孔、打桩	−2	−2							较大
		运输	−2			−2					较大
综合影响程度判定			较大	较大	一般	较大	—	一般	较大	一般	较大
运营期	列车运行	—	−3	−3					−1		较大
	车站运营	乘客与职工活动				−1		−1		+3	一般
	变电站（所）	变压器	−1				−2				一般
	通信	通信设备					−1				较小
	车辆段	列车出入、检修、调车	−2			−2					较大
		生产与生活				−1		−1			一般
综合影响程度判定			较大	较大	一般	一般	一般	一般	一般	一般	—

注:"＋"为正面影响;"－"为负面影响;"1"为较小影响;"2"为一般影响;"3"为较大影响。

（3）评价因子

根据本工程的环境影响因素识别,进行施工期和运营期的评价因子筛选,见表5.26。

表5.26　评价因子识别表

评价阶段	评价项目	现状评价	单位	预测评价	单位
施工期	声环境	昼、夜等效A声级，L_{eq}	dB(A)	昼、夜等效声级，L_{eq}	dB(A)
	振动环境	铅垂向Z振级，VL_{Z10}	dB	铅垂向Z振级，VL_{Z10}	dB
	地表水环境	pH、SS、COD、BOD_5、石油类、氨氮	mg/m^3	pH、SS、COD、BOD_5、石油类、氨氮	mg/m^3
	大气环境	NO_2、PM_{10}	mg/m^3	NO_2、PM_{10}	mg/m^3
	地下水环境	pH、氨氮、总硬度（$CaCO_3$计）、硝酸盐氮、铁、Cr^{6+}、硫酸盐、氯化物	mg/m^3	pH、氨氮、总硬度（$CaCO_3$计）、硝酸盐氮、铁、Cr^{6+}、硫酸盐、氯化物	mg/m^3
运营期	声环境	昼、夜等效A声级，L_{eq}	dB(A)	昼、夜等效A声级，L_{eq}	dB(A)
	振动环境	铅垂向Z振级，VL_{Z10}	dB	铅垂向Z振级，VL_{Zmax}	dB
	电磁环境	工频电场、工频磁场、射频电场强度、功率密度	V/m、mT、W/m^2	工频电场、工频磁感应强度、功率密度	V/m、mT、W/m^2
	地表水环境	SS、COD、BOD_5、石油类、氨氮	mg/m^3	SS、COD、BOD_5、石油类、氨氮	mg/m^3
	地下水环境	水量、地下水径流	m^3	水量、地下水径流	m^3

注：振动环境预测评价量参考《城市区域环境振动测量方法》（GB 10071—88）中对铁路振动的规定，取列车运行时段 VL_{Zmax}。

（4）评价工作重点

根据工程环境影响特性及工程沿线环境特征，本次评价确定评价工作重点为施工期环境影响和运营期声环境影响、振动环境影响、大气环境影响、生态环境影响。

3. 根据项目相关资料，受拟建项目影响的各环境要素所依据的评价标准如下：

（1）环境质量标准

① 声环境质量标准

根据前面的案例资料可知，本项目声环境现状执行《声环境质量标准》（GB 3096—2008）中的2类、4a类、4b类标准。沿线学校、医院等特殊敏感建筑物执行2类标准。具体见表5.27。

② 振动环境质量标准

工程环境振动现状执行《城市区域环境振动标准》（GB 10070—88）中"居民、文教区""混合区、商业中心区""工业集中区""交通干线道路两侧"以及"铁路干线两侧"相应功能区的标准，具体见表5.27。

③ 环境空气质量标准

根据《重庆市环境空气质量功能区划分规定》（渝府发〔2008〕135号），项目区为环境空气质量二类功能区。

根据《关于实施〈环境空气质量标准〉（GB 3095—2012）的通知》以及《环境空气质量标准》（GB 3095—2012）的相关要求，项目区执行《环境空气质量标准》（GB 3095—2012）相应标准，具体见表5.27。

④ 地表水环境质量标准

项目沿线主要水体有长江、某河等，主要跨越某河。

根据前面案例资料可知，本项目地表水体适用于《地表水环境质量标准》Ⅲ类。地表水环境质量标准具体见表 5.27。

⑤ 地下水环境质量标准

《地下水质量标准》(GB/T 14848—2017)依据我国地下水质量状况和人体健康风险，参照生活饮用水、工业、农业等用水质量要求，依据各组分含量高低(pH 除外)，分为五类。由前面案例可知，该项目选址区域地下水适用于集中式生活饮用水水源及工农业用水，因此沿线地下水执行《地下水质量标准》的Ⅲ类标准，Ⅲ类标准各指标限值见表 5.27。

表 5.27　环评执行的环境质量标准一览表

环境要素	标准名称及类别(适用范围)	污染因子		单位	标准限值
声环境	《声环境质量标准》(GB 3096—2008) 2 类(混合区 + 距离铁路外轨中心线 60~200 m 区域)	等效 A 声级		昼 dB(A)	60
				夜 dB(A)	50
	《声环境质量标准》(GB 3096—2008) 4a 类(交通干线道路两侧)	等效 A 声级		昼 dB(A)	70
				夜 dB(A)	55
	《声环境质量标准》(GB 3096—2008) 4b 类(铁路干线两侧-距离铁路外轨中心线 30~60 m 区域)	等效 A 声级		昼 dB(A)	70
				夜 dB(A)	60
振动环境	《城市区域环境振动标准》(GB 10070—88)(居民、文教区)	铅垂向 Z 振级		昼 dB(A)	70
				夜 dB(A)	67
	《城市区域环境振动标准》(GB 10070—88)(混合区、商业中心区)	铅垂向 Z 振级		昼 dB(A)	75
				夜 dB(A)	72
	《城市区域环境振动标准》(GB 10070—88)(工业集中区)	铅垂向 Z 振级		昼 dB(A)	75
				夜 dB(A)	72
	《城市区域环境振动标准》(GB 10070—88)(交通干线道路两侧)	铅垂向 Z 振级		昼 dB(A)	75
				夜 dB(A)	72
	《城市区域环境振动标准》(GB 10070—88)(铁路干线两侧)	铅垂向 Z 振级		昼 dB(A)	80
				夜 dB(A)	80
环境空气	《环境空气质量标准》(GB 3095—2012)二级标准(居住区、商业交通居民混合区、文化区、工业区)	PM_{10}	小时均值	mg/m³	—
			日均值	mg/m³	0.15
			年均值	mg/m³	0.07
		NO_2	小时均值	mg/m³	0.20
			日均值	mg/m³	0.08
			年均值	mg/m³	0.04

续表

环境要素	标准名称及类别(适用范围)	污染因子	单位	标准限值
地表水环境	《地表水环境质量标准》(GB 3838—2002)Ⅲ类(饮用水源及渔业用水)	pH	—	6~9
		COD	mg/L	20
		BOD$_5$	mg/L	4
		氨氮	mg/L	1.0
		总磷	mg/L	0.2
		石油类	mg/L	0.05
地下水环境	《地下水质量标准》(GB/T 14848—2017)Ⅲ类(集中式生活饮用水水源及工农业用水)	色度	铂钴色度单位	15
		嗅和味	—	无
		浑浊度	NTU(散射浊度单位)	3
		pH	—	6.5~8.5
		总硬度	(以 CaCO$_3$ 计)mg/L	450
		溶解性总固体	mg/L	1000
		硫酸盐	mg/L	250
		氯化物	mg/L	250
		铁	mg/L	0.3
		锰	mg/L	0.10
		铜	mg/L	1.00
		锌	mg/L	1.00
		挥发性酚类	(以苯酚计)mg/L	0.002
		阴离子表面活性剂	mg/L	0.3
		硝酸盐	(以 N 计)mg/L	20.0
		氟化物	mg/L	1.0
		氰化物	mg/L	0.05
		汞	mg/L	0.001
		砷	mg/L	0.01
		硒	mg/L	0.01
		六价铬	mg/L	0.05
		铅	mg/L	0.01

（2）污染物排放标准

① 噪声排放标准

本项目施工期施工场地场界和营运期执行的噪声排放标准见表5.28。

表 5.28　噪声排放标准及限值

时期	标准名称及标准编号	标准值	适用地点与范围
施工期	《建筑施工场界环境噪声排放标准》(GB 12523—2011)	昼间:70 dB(A)，夜间:55 dB(A)	项目施工场地
运营期	《铁路边界噪声限值及其测量方法》(GB 12525—90)修改方案	昼间:70 dB(A)，夜间:60 dB(A)	距既有铁路外轨中心线30 m处
	《工业企业厂界噪声排放标准》(GB 12348—2008)	昼间:65 dB(A)，夜间:55 dB(A)	ZZ车辆段南、西、北侧厂界
		昼间:70 dB(A)，夜间:55 dB(A)	ZZ西站、TT新城南站变电所、ZZ车辆段东侧厂界

② 振动标准

工程运营后沿线敏感点执行《城市区域环境振动标准》(GB 10070—88)中"铁路干线两侧"和"居民、文教区"相应功能区的标准。

二次结构噪声标准:本工程建筑物内结构辐射噪声执行《城市轨道交通引起建筑物振动与二次辐射噪声限值及其测量方法标准》(JGJ/T 170—2009)，敏感点执行"居民、文教区"标准,具体见表5.29。

表 5.29　振动排放标准及限值

时期	标准名称及标准编号	污染因子	标准值	适用地带范围
施工期	《城市区域环境振动标准》(GB 10070—88)	铅垂向Z振级	昼间:70 dB，夜间:67 dB	居民、文教区
			昼间:75 dB，夜间:72 dB	混合区、商业中心区、工业集中区、交通干线道路两侧
			昼间:80 dB，夜间:80 dB	铁路干线两侧
运营期	《城市区域环境振动标准》(GB 10070—88)	铅垂向Z振级	昼间:70 dB，夜间:67 dB	居民、文教区
			昼间:80 dB，夜间:80 dB	铁路干线两侧

续表

时期	标准名称及标准编号	污染因子	标准值	适用地带范围
运营期	《城市轨道交通引起建筑物振动与二次辐射噪声限值及其测量方法标准》(JGJ/T 170—2009)	二次结构噪声	昼间:38 dB,夜间:35 dB	居住、文教区
			昼间:41 dB,夜间:38 dB	居住、商业混合区、商业中心区
			昼间:45 dB,夜间:42 dB	工业集中区
			昼间:45 dB,夜间:42 dB	交通干线两侧

③ 废水排放标准

项目位于城市区域,施工期生活污水设置生化池处理后排入市政污水管网,执行《污水综合排放标准》(GB 8978—1996)中的三级标准;施工废水经沉淀中和后回用,不外排。

运行期间项目设置车站、变电所等配套设施,主要产生生活污水。生活污水设置生化池处理后排入市政污水管网,执行《污水综合排放标准》(GB 8978—1996)中的三级标准,各标准值见表 5.30。

表 5.30　污水综合排放标准

单位:mg/L(pH 除外)

时期	标准名称及标准编号	等级	标 准 值	
施工期、运营期	《污水综合排放标准》(GB 8978—1996)	三级	pH	6~9
			COD	500
			BOD_5	300
			NH_4-N	45
			石油类	20
			动植物油	100
			SS	400

注:NH_4-N 执行《污水排入城镇下水道水质标准》(GB/T 31962—2015)中 B 级标准。

④ 废气排放标准

运营期各风亭异味废气排放以臭气浓度评价,其排放标准参照《恶臭污染物排放标准》(GB 14554—93)二级标准厂界标准限值执行(表 5.31)。

车辆段产生的粉尘(以颗粒物进行评价)排放执行《重庆市大气污染物综合排放标准》(DB 50/418—2016)中标准(表 5.32)。

ZZ 车辆段内食堂设置 3~5 个基准灶头,属于中型食堂,食堂油烟执行《饮食业油烟排放标准(试行)》(GB 18482—2001)(表 5.33)。

表 5.31　恶臭污染物排放标准

级别	污染物	监控点	排放浓度限值
二级	臭气浓度	厂界标准限值	20(无量纲)

表 5.32　颗粒物评价执行标准

污染物	适用区域	最高允许排放浓度 /(mg/m³)	无组织排放监控点浓度限值 /(mg/m³)
颗粒物	主城区	50	1.0
	影响区	100	

表 5.33　饮食业油烟排放标准

规模	小型	中型	大型
最高允许排放浓度/(mg/m³)	2.0		
净化设施最低去除效率	60%	75%	85%

⑤ 水土流失标准

工程所在地土壤水力侵蚀强度分级按《土壤侵蚀分类分级标准》(SL 190—2007)执行。工程建成后,工程区土壤侵蚀强度保持不变或有所降低。标准值见表 5.34。

表 5.34　土壤侵蚀强度分级标准

级别	平均侵蚀模数/[t/(km²·a)]	平均流失厚度/(mm/a)
微度	<500	<0.37
轻度	500～2500	0.37～1.9
中度	2500～5000	1.9～3.7
强度	5000～8000	3.7～5.9
极强度	8000～15000	5.9～11.1
剧烈	>15000	>11.1

⑥ 电磁环境影响标准

项目 110 kV 牵引变电所对环境的影响主要是电磁场强,包括工频电场强度、工频磁感应强度,基站对项目的影响主要是电场强度和功率密度。列车运行产生的电磁干扰对居民电视接收质量产生影响。

a. 牵引变电所评价标准:参照《电磁环境控制限值》(GB 8702—2014)中的"公众曝露控制限值"推荐标准,以 4 kV/m 作为居民区工频电场评价标准、以 0.1 mT 作为工频磁感应强度公众全天影响标准。

b. 基站评价标准:本环评对基站运行时辐射环境影响的预测评价是以单个基站对周围环境的贡献限值为标准,项目竣工验收时除本基站产生电磁辐射外,还包括各种其他的电磁辐射影响,因此验收时以多个基站对周围环境的贡献值为标准。基站公众曝露控制限值执行《电磁环境控制限值》(GB 8702—2014),公众曝露控制限值:频率为 0.1～3000 MHz,场量参数是任意连续 6 min 内的方均根值。多基站公众曝露控制限值具体要求见表 5.35。

表 5.35　公众曝露控制限值

频率范围/MHz	公　众　照　射		
	电场强度/(V/m)	磁场强度/(A/m)	功率密度/(W/m²)
0.1～3	40	0.1	4
3～30	$67/f^{1/2}$	$0.17/f^{1/2}$	$12/f$
30～3000	12	0.032	0.4

根据《辐射环境保护管理导则　电磁辐射环境影响评价方法和标准》(HJ/T 10.3—1996)，为使公众受照射剂量小于《电磁辐射防护规定》(GB 8702—88)的规定值，对单个项目的影响要限制在 GB 8702—88 限值的若干分之一。在评价时，对于场强限值取 $1/\sqrt{5}$，或功率密度限值取 1/5 作为评价标准。本工程基站属单个项目，评价将公众允许照射的电场强度 5.4 V/m、磁场强度 0.014 A/m、功率密度 0.08 W/m² 作为评价标准。

c. 电视信号评价标准：列车运行对开放式电视接收质量的影响采用国际无线电咨询委员会(CCIR)推荐的评分标准，信噪比达到 35 dB 即可正常收看。

电磁环境评价标准详见表 5.36。

表 5.36　电磁环境影响评价采用的标准

污染物名称		标准名称	标准编号级别	标准值
基站	电场强度	《电磁环境控制限值》《辐射环境保护管理导则　电磁辐射环境影响评价方法与标准》	GB 8702—2014 HJ/T 10.3—1996	5.4 V/m(单个项目)
	磁场强度			0014 A/m(单个项目)
	功率密度			0.08 W/m²(单个项目)
	电场强度	《电磁环境控制限值》	GB 8702—2014	12 V/m(总受照射剂量限值)
	磁场强度			0.032 A/m(总受照射剂量限值)
	功率密度			0.4 W/m²(总受照射剂量限值)
110 kV 牵引变电所	工频电场强度	《电磁环境控制限值》	GB 8702—2014	4 kV/m
	工频磁感应强度			0.1 mT
列车运行	信噪比	国际无线电咨询委员会推荐标准	HJ 453—2008	大于 35 dB

4. 根据项目背景资料判断该项目各环境影响要素的评价工作等级、评价范围情况如下:

(1) 评价等级

根据各要素环境影响评价技术导则的评价分级要求,结合工程特点和评价区域环境特征,确定本次工程声环境、振动环境、地表水环境、大气环境、地下水环境、生态环境、电磁环境的评价工作等级。

① 声环境

根据工程分析,本工程运营期噪声源主要为列车运行噪声、车站风亭冷却塔噪声、车辆段设备噪声和流动噪声。由前面案例资料可知,本工程沿线经过《声环境质量标准》(GB 3096—2008)规定的 2 类、4b 类功能区,线路地面段和高架段线路周边有较多声环境敏感目标,噪声级增高量大于 5 dB(A),受影响人口较多。因此,根据《环境影响评价技术导则 声环境》(HJ 2.4—2021)确定的划分依据(表 5.37),本工程声环境评价工作等级为一级。

表 5.37 声环境影响评价工作等级划分表

工作等级	划 分 依 据		
	声环境功能区类别	声环境保护目标 噪声级增高量	受影响人口数量
一级	0 类	>5 dB(A)	显著增多
二级	1 类、2 类	3～5 dB(A)	增加较多
三级	3 类、4 类	<3 dB(A)	变化不大

② 振动环境

本工程地下段工程采用了开挖法和钻爆法两种施工方式,以钻爆法施工方式为主,工程振动将会对沿线区域造成一定的影响;运营期列车运行产生的振动也将对沿线振动环境造成影响。通过对工程线路经过区域地表环境调查,并结合线路周边区域土地利用规划,本工程线路下穿或经过集中居民区、学校等振动环境敏感目标,根据预测,工程运营前后环境振动敏感目标的最大振动级变化量约为 14.0 dB。根据《环境影响评价技术导则 城市轨道交通》(HJ 453—2018)确定的划分依据,本工程振动环境评价不划定评价等级。

③ 地表水环境

工程运营期排放的废水主要为车站生活污水和清扫废水、变电所生活污水。项目污水日排放量小于 1000 m³,水质复杂程度为简单,污水经处理后排入市政污水管网,属于间接排放,项目沿线不涉及重要敏感水体,本工程地表水影响评价工作等级为三级 B。水污染影响型建设项目评价等级见表 5.38。

表 5.38　水污染影响型建设项目评价等级判定

评价等级	判 定 依 据	
	排放方式	废水排放量 $Q/(\text{m}^3/\text{d})$； 水污染当量数 $W/$（无量纲）
一级	直接排放	$Q \geqslant 20000$ 或 $W \geqslant 600000$
二级	直接排放	其他
三级 A	直接排放	$Q < 200$ 且 $W < 6000$
三级 B	间接排放	—

④ 大气环境

本工程在施工期主要的大气污染源为施工扬尘和燃油施工机械排放的尾气，分段施工影响范围较小，且影响时间相对较短。运营期项目为电气化铁路，沿线没有流动废气污染源，车站未设置锅炉，不存在集中式大气污染。因此，根据《环境影响评价技术导则　大气环境》（HJ 2.2—2018），确定本工程大气环境影响评价工作等级为三级评价。

⑤ 地下水环境

根据《环境影响评价导则　地下水环境》（HJ 610—2016）附录 A，新建铁路地下水环境影响评价项目类别为机务段Ⅲ类，其余Ⅳ类；据调查，本项目周边无涉及地下水的环境敏感区，根据《环境影响评价技术导则　地下水环境》（HJ 610—2016）"表 1　地下水环境敏感程度分级表"中的分级原则，本项目地下水环境敏感特征为不敏感。根据《环境影响评价导则　地下水环境》（HJ 610—2016）4.1 节"Ⅳ类建设项目不开展地下水环境影响评价"，并结合表 5.39 确定本项目地下水评价等级为三级。

表 5.39　建设项目地下水环境影响评价工作等级分级表

敏感程度	Ⅰ类项目	Ⅱ类项目	Ⅲ类项目
敏感	一	一	二
较敏感	一	二	三
不敏感	二	三	三

⑥ 生态环境

拟建工程的长度为 27 km，占地（含永久占地和临时占地）94.18 hm²，低于 2 km²；项目未占用森林重要生态敏感区，不涉及国家公园、自然保护区、世界自然遗产、重要生境及自然公园和生态保护红线等，根据《环境影响评价技术导则　生态影响》（HJ 19—2022）有关要求，本次生态环境评价等级为三级。

⑦ 电磁环境

项目 ZZ 西站牵引变电所位于 ZZ 西站高架站厅的下方，为户内式，TT 新城南站牵引变电所为户外式，根据《环境影响评价技术导则　输变电》（HJ 24—2020）按最高评价等级开展评价工作的原则，本项目 110 kV 交流牵引变电所评价等级为二级。

输变电建设项目电磁环境影响评价工作等级划分见表 5.40。

表 5.40　输变电建设项目电磁环境影响评价工作等级

分类	电压等级	工程	条　　件	评价工作等级
交流	110 kV	变电站	户内式、地下式	三级
			户外式	二级
		输电线路	① 地下电缆； ② 边导线地面投影外两侧各 10 m 范围内无电磁环境敏感目标的架空线	三级
			边导线地面投影外两侧各 10 m 范围内有电磁环境敏感目标的架空线	二级
交流	220～330 kV	变电站	户内式、地下式	三级
			户外式	二级
		输电线路	① 地下电缆； ② 边导线地面投影外两侧各 15 m 范围内无电磁环境敏感目标的架空线	三级
			边导线地面投影外两侧各 15 m 范围内有电磁环境敏感目标的架空线	二级
	500 kV 及以上	变电站	户内式、地下式	二级
			户外式	一级
		输电线路	① 地下电缆； ② 边导线地面投影外两侧各 20 m 范围内无电磁环境敏感目标的架空线	二级
			边导线地面投影外两侧各 20 m 范围内有电磁环境敏感目标的架空线	一级
直流	±400 kV 及以上	—	—	一级
	其他	—	—	二级

（2）评价范围

结合工程特点和区域环境特征，按照各要素环境影响评价技术导则的要求，各环境要素评价范围见表 5.41。电磁环境评价因子及其影响范围见表 5.42。

表 5.41 评价范围一览表

序号	环境要素	评 价 范 围
1	生态环境	① 项目区经过山地、丘陵、河流等生态系统,本工程占地类型主要为城市建成及规划区域用地,属一般生态敏感区,以生态单元(铁路中心线两侧各 300 m)为评价范围; ② 对拟定的取(弃)土(石)场等临时用地,以该工程行为可能造成生态环境影响的区域为评价范围
2	地表水环境	① 跨河桥梁桥位上游 200 m、下游 500 m 以及距铁路外轨中心线两侧 200 m 以内的水体; ② 施工期重点关注各施工点的施工废水排放; ③ 运营期重点关注各车站废水排放口及其受纳水体长江
3	环境空气	① 施工期评价范围为施工场界 100 m 范围; ② 运营期以地下车站风亭排气口为中心、半径为 50 m 范围
4	地下水环境	① 工程建设、运营导致地下水水位变化的影响区域,主要为隧址区域及与之所在水文地质单元存在直接补给关系的区域; ② 本次地下水环境评价以拟建线路、车辆段两侧各 300 m 为评价范围,局部地区如某山隧道根据地下水补、径、排特征适当扩大
5	固体废物	工程沿线各车站和旅客列车垃圾集中排放点
6	声环境	① 铁路外轨中心线两侧各 200 m 的范围,距离车站风亭、冷却塔等噪声源周围 50 m; ② ZZ 车辆段厂界外 50 m
7	振动环境	① 距地下线路外轨中心线两侧 60 m 范围; ② 室内二次结构噪声影响评价范围为隧道垂直上方及距外轨中心线两侧 10 m 的范围

表 5.42 电磁环境评价因子及其影响范围

评价对象		评价因子	影响范围
牵引变电所	ZZ 西站 110 kV 交流牵引变电所	工频电场强度、磁感应强度	牵引变电所围墙外 30 m 区域范围
	TT 新城南站 110 kV 交流牵引变电所		
通信基站	YY 站通信基站	电场强度、等效平面波功率密度	以天线为中心半径 50 m 区域范围
	ZZ 东站通信基站		
	ZZ 西站通信基站		
	TT 新城北站通信基站		
	TT 新城南站通信基站		
	ZZ 车辆段通信基站		

续表

评价对象	评价因子	影响范围
列车运行	信噪比	地上线路外轨中心线两侧50 m范围

5. 预防或者减轻本项目不良环境影响的对策和措施如下：

（1）设计阶段环境保护措施

工程设计中应首先从源头考虑环保要求，如选用低振动的设备和工艺。其次，对于噪声超标区段进行专项环保工程设计，并确保投资的落实。初步设计阶段应按批复的环评报告落实各项环保要求。

① 声环境和环境振动影响减缓措施

工程设计中的减缓措施见表5.43。

表5.43　工程设计中的减缓措施

环境要素	污染源及污染物	治　理　措　施
噪声	列车运行、车站运营	① 全线采用重型（60 kg/m）焊接无缝钢轨、选用弹性分开式扣件（DTVI2）； ② 风机安装消声器，风道墙面做吸声处理，选用低噪声冷却塔，风口朝向背离敏感建筑物； ③ 对于沿线敏感点进行专项噪声控制设计
	变电所运行	① 选用低噪声变压器； ② 选用自冷片式散热器替代风冷散热器； ③ 选用多台流量适中的新型低噪声风扇替代大流量高噪声风扇； ④ 合理布置平面布局
振动	施工期	对于受环境振动影响较大的区域采用TBM法
	列车运行	① 全线采用重型（60 kg/m）焊接无缝钢轨、整体道床、对钢轨打磨、车轮镟圆、保持轨面平滑； ② 隧道埋深较深； ③ 线路尽量沿现有道路或规划道路敷设

② 地下水环境影响减缓措施

a. 地下阶段设计中，为防止隧道施工中导水断裂和岩溶含水系统等地下水漏失，应进一步对隧道洞口、洞身围岩完整性、稳定性做出详细评价，对隧道涌水量进一步校核，加强水文地质、工程地质测绘工作，详细查明隧址区工程地质条件。

b. 隧道洞口防、排水设计。隧道洞口区应避免水流的汇集，防止夏季水流冲蚀洞口。结合洞口的地形情况，在洞口边坡刷坡线5 m外顺地势布设洞顶截水沟（截水沟尽量隐蔽），将地面径流通过天沟引入自然沟谷排走。洞口路基水严禁流入洞内，必要时可设置洞口截水暗沟，经截、排水沟汇入临近路基排水沟。

c. 隧道复合衬砌防、排水设计。隧道衬砌排水是在衬砌拱背，防水层与喷射混凝土层之间设纵向盲沟。纵向盲沟设在边墙底部,沿隧道两侧,全隧道贯通。衬砌背后的地下水通过高密度聚乙烯(HDPE)立体防排水板后排入通道、汇集到纵向盲沟,通过横向排水管,将地下水引入中心水沟排出洞外。路面水单独通过边沟排出,在洞外净化处理后排放。

隧道堵水适用于可能发生涌(突)水的地段。根据国内外堵水经验和隧道的具体情况,在采用超前探水等物理勘探手段,查明隧道前方地下水分布状况及水量后,必要时采取局部超前堵水或径向注浆堵水,注浆厚度为 3~5 m,将大量地下水尽可能封堵在围岩内,使隧道开挖不出现大量涌水,为隧道后续施工和洞室稳定创造条件,同时防止运营期间地下水资源流失,减少隧道工程对山体自然环境的破坏。注浆开孔直径为 90~110 mm,终孔直径不小于 65 mm,注浆压力为静水压力的 2~3 倍,注浆材料采用 M30 水泥浆。

d. 车站、车辆段的防渗措施处理。车站、车辆段产生的固体废物,由当地环卫部门专门集中收集处置,车辆段内固体废物临时堆放场所均采取有效的防渗防淋措施。

③ 电磁环境影响减缓措施

a. 变电所设计时,尽量不在电气设备上方设置软导线。

b. 对平行跨导线的相序排列要避免或减少同相布置,尽量减少同相母线交叉与相同转角布置。

c. 所有设备和导线支架高度均在 3.0 m 以上。

④ 生态环境影响减缓措施

地面及高架段对地面车站、风亭、高架段和桥梁进行景观设计,与周边景观协调一致,并加强绿化设计。

(2) 施工期环境保护措施

① 声环境影响减缓措施

根据《重庆市环境噪声污染防治办法》(重庆市人民政府令第 270 号)有关规定和要求,本工程施工中必须采取如下噪声防治措施:

a. 将建筑噪声控制纳入环评和排污申报内容。加强源头控制,建筑项目必须按照环境影响评价意见采取措施控制噪声污染。建筑工程必须在工程开工前 15 d 向当地生态环境部进行排污申报、登记,并报送噪声污染防治方案。

b. 本工程位于主城区内,施工场地周边敏感建筑物较集中,施工单位应当于施工期间在施工场所公示项目名称、项目建设内容和时间、项目业主联系方式、施工单位名称、工地负责人及联系方式、可能产生的噪声污染和采取的防治措施。

c. 合理安排施工作业时间。禁止在噪声敏感建筑物集中区域进行产生环境噪声污染的夜间施工作业。如因工程的特殊需要必须夜间施工作业的,施工单位应当于夜间施工前 4 d 按照有关法律法规的规定报批。本工程属于市人民政府确定的城市基础设施类重点工程,必须进行夜间施工时,分别由市政、市城乡建设主管部门出具证明。施工单位应当在夜间施工前 1 d 在施工现场公告附近居民。

禁止高考、中考前 15 d 内以及高考、中考期间在噪声敏感建筑物集中区域进行排放噪声污染的夜间施工作业,禁止高考、中考期间在考场周围 100 m 区域内进行产生环境噪声污染的施工作业。

d. 施工单位积极采取措施降低噪声污染。建筑施工单位在施工时必须采取降噪措施。在学校、集中居民点等周围附近禁止当日 22 时至次日 6 时从事电锯、风镐、电锤等机械设备的施工。积极推广使用先进的低噪声施工机具、设备和工艺。施工工地内合理布置施工机具和设备,采用建筑工地隔声屏障等降噪措施,对施工现场的空气压缩机等强噪声设备应采取措施封闭,并尽可能设置在远离居民区的一侧,降低施工噪声对周围的影响。

e. 合理布置施工现场。合理科学地布置施工现场是减少施工噪声、振动的主要途径。在保证施工作业的前提下,适当考虑施工现场布局与噪声环境的关系,如将施工现场的固定噪声源相对集中,以减少噪声影响的范围;如果施工周期长,可采用一些临时应急的降噪措施,充分利用地形地物等自然条件,减少噪声对周围敏感点的影响。

出渣口设置位置尽量远离声环境敏感区域。

f. 施工弃渣运输车辆的交通噪声防治措施。弃渣等运输车辆选用性能、车况较好的运输车辆,从源头降低噪声源强;加强运输车辆的检修和维护,使保持较低的噪声源;运输车辆经过声环境敏感点时应减速慢行,车辆运输中尽量避免鸣笛,减轻对居民的影响和干扰;弃渣等运输车辆运输线路必须经过声环境敏感点集中区域时,尽可能安排在昼间运输,避免夜间重型运输车辆噪声对周边声环境敏感点的影响;弃渣等运输车辆的运输线路,尽可能选择远离声环境敏感点集中的区域,应该严格按照市政部门审批的路线进行运输。

g. 建立环保信誉档案。建立建筑施工噪声管理责任制、施工现场值班制度和建设(施工)单位环保信誉档案。对防治建筑施工噪声污染做出显著成绩的单位和个人予以表彰,对违法施工的除处罚外,视其情节予以通报批评、取消建筑文明工地的评比资格、降低资质等级。

h. 为防止物料运输造成的人为噪声污染,夜间应减少施工车流量。

i. 做好宣传工作,倡导科学管理和文明施工。由于技术条件、施工现场客观环境限制,即使采用了相应的控制对策和措施,施工噪声仍可能对周围环境产生一定的影响,为此要向沿线受影响的居民和有关单位做好宣传工作。

j. 加强环境管理,接受环保部门监督。施工单位进行工程承包时,应将有关施工噪声控制措施纳入承包内容,并在施工和工程监理过程中设专人负责,以确保控制施工噪声措施得到落实。

k. 施工单位需贯彻各项施工管理制度。施工单位要确保施工噪声满足《建筑施工场界环境噪声排放标准》(GB 12523—2011),在施工期应不定期地对声环境敏感点进行噪声监测。

l. 对施工场地周边的主要敏感点采取环保措施。噪声设备尽可能远离敏感点,采用低噪声设备施工。

② 振动环境影响减缓措施

施工期振动主要来源于施工爆破产生的振动,为减缓振动环境影响,工程在施工过程中应采取以下减缓措施:

a. 本工程对沿线便于用 TBM 法施工的区段采用对环境振动影响较小的 TBM 法进行施工。

b. 工程爆破采用微差爆破方式,在满足爆破强度的基础上,尽可能减少一次爆破用药量。

c. 工程建设过程中,严格按照《爆破安全规程》要求进行爆破作业。

d. 爆破作业禁止在夜间进行,以减少爆破对城市居民的影响。

e. 在集中居民点区段进行爆破施工时,爆破前应提前告知居民,爆破时用哨声示警,让居民有心理准备;做好工地围挡工作,布置好警戒。

　　f. 制定合理的爆破振动跟踪监测方案。在隧道顶部距居民楼较近处设置振动监测设备,监测爆破时的振动强度,并对受影响较大、抗振性能差的建筑进行实时监测,根据振动监测结果,调整爆破时炸药用量。减少振动对环境和建筑物的不利影响。对一般振动敏感目标仅进行振动速度监测,并选建设年代久远、结构抗振性差的敏感目标观测房屋裂缝,选具有代表性敏感目标监测水平和垂直位移。

　　③ 环境空气污染减缓措施

　　施工期环境空气污染减缓措施要按照《重庆市主城区尘污染防治办法》(重庆市人民政府令第 272 号,2013 年)、《重庆市人民政府办公厅关于印发规范整治都市功能核心区及拓展区建筑垃圾密闭运输工作实施方案的通知》(渝府办〔2014〕25 号)以及《重庆市人民政府关于印发都市功能核心区和拓展区大气污染防治与湖库整治重点工作方案的通知》(渝府〔2014〕49 号)等相关规定。本工程对施工中产生的粉尘采取的措施如下:

　　a. 施工工地应采用分段封闭施工方式,尽可能缩短工期,避免大风天气施工。

　　b. 工地周围设置高度不低于 1.8 m 的硬质密闭围挡;设置车辆清洗设施及配套的沉沙井,车辆冲洗干净后方可驶出工地;弃土等建筑垃圾即时清运,若 48 h 内不能清运,应当设置不低于堆放物高度的密闭围栏并予以覆盖。

　　c. 施工现场未铺装的道路必须采取洒水或喷淋等降尘措施;拆迁建筑物过程中,采取喷水抑尘等有效降尘措施,若拆迁后 3 个月内土地暂时闲置,要进行覆盖、简易铺装或绿化。

　　d. 工程完工后必须及时清理场地;工程材料堆场进行覆盖并定期洒水,进入堆场的道路应经常洒水,以保持路面湿润,减少车辆和风吹引起的道路扬尘。

　　e. 适宜绿化裸露的泥地,责任人应当在园林绿化行政管理部门规定的期限内绿化;不适宜绿化的,应当硬化处理。

　　f. 加强施工弃土的运输管理,在主城区城市道路上运输建筑渣土、砂石和垃圾等易撒漏物质时必须使用密闭式汽车装载;建筑工地出口必须设置车辆冲洗设施以及专门人员对车辆进行冲洗和监管,保持密闭式运输装置完好和车容整洁,不得沿途飞扬、撒漏和带泥上路。

　　g. 水泥、砂和石灰等易洒落散装物料在装卸、运输、转运和临时存放等全部过程中,应采取防风遮盖措施,注意运输时必须压实,填装高度禁止超过车斗防护栏,避免洒落引起二次扬尘。

　　h. 使用预拌混凝土。

　　i. 根据各施工场地周边敏感点的分布情况,加强对施工场地的洒水抑尘作用。

　　j. 根据《重庆市人民政府办公厅关于印发规范整治都市功能核心区及拓展区建筑垃圾密闭运输工作实施方案的通知》(渝府办〔2014〕25 号),执行"二、建筑垃圾运输车辆规范要求:(一)新购入使用的建筑垃圾密闭运输车辆,必须是符合工业和信息化部《道路机动车辆生产企业及产品公告》要求的自卸式垃圾运输车辆,且具有货箱密闭、举升定位、限速限载等功能,符合《机动车运输安全技术条件》(GB 7258—2012)要求。(二)原有不能满足全密闭运输的车辆,必须在 2014 年 10 月 31 日前,按照《重庆市加盖密闭运输车辆通用技术条件》(DB 50/145—2003)标准进行改装,达到全密闭要求,并经市政部门验收合格后,方可承运建筑垃圾。(三)承运建筑垃圾的车辆须安装具有行驶记录功能的卫星定位装置、安全防护装置,统一外观标识、专用顶灯等设施。"

　　④ 地表水环境污染防治措施

　　a. 本项目各车站及其区间产生的生活污水采取无动力生化池处理达《污水综合排放标

准》(GB 8978—1996)三级标准后排入市政污水管网。其中施工营地食堂产生的含油废水要经隔油池处理后,再进行处理。生活污水统一收集后,交由当地环卫部门用吸粪车统一运至附近污水处理厂处理。

b. 在各施工场地进出入口以及出渣区域设置车辆冲洗设施,并且设隔油沉淀池,车辆冲洗废水沉淀后部分回用作为生产用水继续使用,其余部分可用作道路洒水作业用水。

c. 隧道涌水用沉淀池收集,经过沉淀净化后作为施工场地的车辆冲洗水。各施工场地施工废水经过处理后回用,不外排。

⑤ 地下水环境保护措施

a. 拟建铁路某山隧道隧址区地质、水文地质条件复杂,地层存在灰色、灰白色、白云岩、白云质灰岩,部分路段存在发生涌突水的可能,在施工前,制定好防排水方案,在施工期间加强地质、水文地质研究,加强超前地下水预测。对涌突水的防治应进行三方面工作:第一,对确认可能涌突水的地质段做进一步的勘探验证;第二,加强隧道施工中超前预报工作,即在施工过程中,对于可能产生突涌水的洞段首先进行钻探探测、物探探测,并制定详细的防备预案等来防止突涌水灾害的产生,其目的是将灾害损失减小到最低程度;第三,遇岩溶涌突水,应及时封堵。

b. 施工时,坚持"以堵为主,限量排放"的防治水原则,采取"堵水防漏、保护环境"和"先探水、预注浆、后开挖、补注浆、再衬砌"的设计、施工理念,达到堵水防漏的目的。

c. 施工期加强沿线地下水位、水质、地面沉降的实时监控,并制定应急方案。密切关注天气预报、降水情况和地质灾害气象等级预报,加强监测预报预警。在沿线隧道周围、断层带附近、岩溶区等设监控点,一旦出现异常,及时采取堵水措施;建设单位应加强隧道施工管理,选择有丰富经验的隧道施工单位,委派专业施工监理,避免因违规施工引发涌水事故。同时预留专项资金,一旦隧道的建设对地表居民的生产生活用水以及 AA 森林公园景观水体等造成影响,应及时采取补救措施如水车送水解决居民生产生活用水、AA 森林公园景观水体处底层硬化等,预留费用 100 万元。

d. 对于出现涌水状况的部位,应加强地下水涌水量的观测和水质分析,对涌水位置、涌水形态、涌水量大小、涌水量动态变化、含泥沙情况、水的侵蚀性等进行详细监控,及时评价涌水对地下水环境的影响。

e. 采用物理化学法处理施工废水,在施工场地附近建设沉淀池与污水处理设备,以控制污水的排放。隧道施工涌水水质较好,对于部分区段产生的隧道涌水设置沉淀池,沉淀后回用于道路洒水抑尘、冲洗车辆等。

f. 开展水环境保护教育,让施工人员理解地下水保护的重要性;应加强施工管理和工程监理工作,严格检查施工机械,防止油料发生泄漏污染地下水水体。

g. 加强对 ZZ 车辆段的地下水环境保护,加强施工废水的处理,严格检查施工机械,防止油料发生泄漏污染地下水水质。加强生活污水处置,对生化池采取防渗措施。

⑥ 固体废物处置措施

a. 施工期的拆迁及建筑垃圾运至指定的弃渣场或建筑垃圾渣场进行处置,施工营地产生的生活垃圾经集中收集后,送至环卫部门集中处理。

b. 施工期固体废物主要包括废弃土石方、建筑垃圾和施工人员生活垃圾。对施工期固体废物应采取"集中收集、分类处理、尽量回用"的原则,其中废弃土石方在设置的 7 处弃渣场进行处置,拆迁房屋、建筑物的建筑垃圾部分用于临时占地中场地平整,其余固体废物收集后送至建筑垃圾渣场集中处理。

⑦ 社会环境影响减缓措施

a. 工程施工前应对沿线管道、高压电线、照明线路、通信线路、闭路电视线路等进行详细调查,及早与使用单位或用户联系并做好赔偿迁建工作。

b. 跨越道路段要采用对交通干扰较小的施工方式,工程施工时必须配备必要的车辆和交通管制措施,并有序指挥现场。施工单位应对施工进行统筹安排,规划合理的施工方案,确定合理的施工运输路线,及时上报交通管理部门,做好施工期交通疏导,以免导致交通道路堵塞。

c. 施工期大量施工人员进驻当地,施工单位应根据当地的自然、社会环境并结合工程概况合理设置施工营地,并与当地主管部门协调,在解决好施工单位生活的同时,尽量不影响当地居民生活,不对当地的环境造成影响。

d. 征地、拆迁安置方案。沿线各地和建设单位将根据《中华人民共和国土地管理法》《国务院城市房屋拆迁管理条例》《征用土地公告办法》,制定一个适用于本工程补偿标准的政策规定。

征地补偿、拆迁安置是一项政策性强、情况复杂的工作,建设单位、施工单位应与政府部门紧密联系、密切配合,本着兼顾国家、集体和个人三者的利益以及合理补偿、妥善安置的原则,对被征用土地和拆迁安置的居民及时发放土地征用费、青苗补偿费、拆迁补贴,调整和重新分配土地或让其从事其他行业生产,对受影响群众进行其他农业技术或非农业技术的培训,以减轻受征地影响的劳动者的负担,并使其生计得到妥善解决。还可以通过对弃渣场等临时用地采取复垦还田措施,增加当地耕地数量,以缓解工程带来的不利影响。

拆迁安置将主要在当地进行调整,对失去土地而无法以务农为生的农民应进行农转非安置。为使土地征用及房屋拆迁顺利进行,县(区、市)级征迁安置办公室负责审查征迁安置执行计划,分配征迁安置资金,准备、管理和控制征迁安置过程。乡镇征迁安置办作为征迁安置实施单位,将与村民和农民委员会的代表展开咨询以便建立适合于各村的征迁安置计划。各村征迁安置计划将由县(区、市)征迁安置办批准,之后由乡镇征迁安置办和村民委员会执行。

对拆迁对象,按规定标准及时给予合理赔偿,并按城乡发展规划提供宅基地另建新房,对部分零散住户,农户可在自己村子范围内"就地重建",对集中迁移的农户,政府部门可统一安排建新房,集中安置拆迁户,新建的居民点应注意方便居民生活和公共设施的完善等,有利于生产活动,并注意防治铁路噪声影响。

拆迁厂房、库房等生产性房屋,应与房屋的所有者签订协议,提前告知可能的拆迁时间及范围,并按照相关规定进行补偿,以利于生产性房屋的所有者采取措施减少对生产活动的影响。

农村地带零散新房将由拆迁户收到补偿金后自行建造。这样受影响人群可以更多地参与新房建设,农户可以控制成本,通过亲友的帮助得到最大的效益,重新利用旧房和地方的免费建材。他们还可以选择新的房屋设计样式。

⑧ 生态环境保护措施

a. 施工时合理布置施工场地,施工场地范围在满足工程施工要求的前提下,尽量节省占用土地,将施工活动尽量控制在施工征占地范围内。

b. 施工过程中贯彻水土保持思想,采取设置排水沟、沉砂池、护坡等水土保持临时措施。

c. 严格规定施工车辆的行驶便道和行驶路线,防止施工车辆在有植被的地段任意行驶。

d. 建设单位和施工单位应尽早与铁路所在区县的市政环卫部门联系,及时确定工程产生土石方的消纳场和渣土的运输线路;并对消纳场做好水土保持,以防雨水冲刷造成水土流失、污染水体、堵塞排水管道。

e. 严格执行《重庆市城市绿化条例》,施工过程中应注意保护相邻地带的树木绿地等植被。

f. 对于征地范围内耕地部分的表层土予以收集保存,收集的表土可用作边坡、渣土场的植被恢复或复耕的表层用土。

g. 对于城市绿化,在施工范围内严格按法规执行,临时占用绿地要报批并及时恢复,砍伐或迁移树木要报批,不得随意修剪树木。

h. 施工结束后,施工营地、材料堆放场、施工便道、弃渣场等临时性设施破坏的植被应按绿化规定进行补种补栽,并将临时占地恢复至原有土地使用用途。

(3)营运期环境保护措施

① 噪声防护措施

A. 高架轨道噪声防护

a. 采取降噪措施。对于现状声环境较好的敏感点,采取降噪措施叠加轨道交通噪声后确保达标。对于现状噪声接近超标或已经超标的敏感点,采取降噪措施确保轨道交通噪声达标,同时与现状叠加后增加值较小。

b. 全线高架、地面段设计预留可采取降噪措施的条件。

列车运行适宜采取的噪声污染防治措施及技术经济比较见表5.44。

表 5.44 噪声污染防治措施及技术经济比较表

治理措施	效果分析	优缺点比较	投资比较	适宜的敏感点类型
声屏障	直立式吸声屏障,3 m以上的声屏障降噪量为8~10 dB;半封闭式声屏障降噪量为10~18 dB;全封闭式声屏障一般降噪可达23 dB,最大可降噪30 dB	优点:可与主体工程同时设计、同时施工,不影响居民的日常生活,目前运用较为普遍。缺点:对桥梁结构噪声不起作用,投资相对较高。尤其是半封闭和全封闭声屏障,设计和施工均很复杂	复合吸声式声屏障1000元/m²左右;全封闭式声屏障约2500万元/km,投资较大	适用于规模较大、房屋建筑密度较高的敏感点
绿化林带	乔灌结合密植的10 m宽绿化带可降噪2~3 dB;20 m宽绿化林带可降噪3~5 dB	优点:绿化带可美化环境,在视觉上、心理上降低人们对噪声的烦恼度,并有一定的降噪效果。缺点:需增加用地和拆迁量,投资较大	投资较大	适用于地面线路两侧有闲置空地的区域,不适用高架区间

续表

治理措施		效果分析	优缺点比较	投资比较	适宜的敏感点类型
搬迁与功能置换		可根本避免轨道交通噪声影响	优点:对敏感点而言是效果最好的措施。缺点:费用高,协调工作难度大,实施较困难	投资最大	优先考虑距线路过近,噪声、振动均超标的敏感点
建筑隔声(设置隔声门、窗、采用较多的为隔声通风窗)		有 20 dB 左右的隔声效果	优点:针对室外所有声源均能起到隔声效果,使得室内环境满足使用功能要求。缺点:影响视觉及通风换气,对居民日常生活有一定影响,安装要在居民家中进行,需取得居民的配合	投资最小	适用于影响声源较为复杂(背景噪声较大),单一采取声屏障的措施尚不能达标的敏感点;或规模较小,房屋较分散的敏感点
高等降噪轨道结构	全天候道床吸音板	采用新型轻质吸声材料,铺于道床面,吸声效果可达到 4~8 dB	轻盈美观,硬度好,不影响道床的使用功能	投资约 2 ×10⁶ 元/km	适用于高架线地段噪声超标量较大的敏感点,配合普通的声屏障措施使用
	阻尼钢轨	采用高强韧性结构粘胶将固体阻尼预制约束板粘贴在轨腰和轨底,可降噪 6~10 dB	可有效控制轮轨振动的振源,从而减少一次噪声和二次结构的振动及噪声	投资约 10⁶ 元/km	适用于停车场、车辆段内小半径曲线地段,降低曲线器叫声

由于本工程地上线以高架线为主,且位于主城区线路两侧,房屋建筑密度较高,因此本次评价线路降噪措施推荐声屏障。下面介绍一下声屏障的选择。

第一,不同形式声屏障比较。不同形式的声屏障的降噪效果、对通风排烟影响、对高架区间稳定性影响、对通信信号的影响、适用环境及范围、景观影响的比较见表 5.45。

表 5.45　不同形式的声屏障比较

声屏障形式		设置规格及降噪效果	对通风排烟影响	对高架区间稳定性影响	对通信信号的影响	适用环境	适用范围	景观影响
开敞式声屏障	直立形	高度:3 m;降噪:6~8 dB(A)高度:3.5 m;降噪:8 dB（A）以上	没有影响	较小	无影响	沿线两侧为多层敏感建筑物	适用于邻近线路的噪声敏感建筑为多层建筑,建筑物距线路中心距离 30~40 m,其有效高度应不低于轨面以上 2.5 m	较小

续表

声屏障形式		设置规格及降噪效果	对通风排烟影响	对高架区间稳定性影响	对通信信号的影响	适用环境	适用范围	景观影响
开敞式声屏障	折板形或微弧形	高度:4 m; 降噪:8~10 dB(A) 高度:5 m; 降噪:10 dB(A)以上	没有影响	较小	无影响	沿线两侧为多层敏感建筑物		较小
	半封闭形式	高度:大于5 m; 降噪:10~18 dB(A)	没有影响	较小	无影响		适用于线路两侧高层建筑密集的路段	较大
封闭式声屏障	完全全封闭形	长度:小于300 m,总高度约7 m;降噪:22 dB以上	有一定影响	较大	可能有影响	沿线两侧为高层敏感建筑物	适用于线路两侧高层建筑密集的路段	较大
	全封闭顶部设置通风消声百叶	长度:大于300 m,总高度约7 m;降噪:22 dB以上						较大

第二,声屏障材料选择。声屏障主要由吸声隔声板、透明隔声板等组成。

首先,声屏障吸声隔声板:根据声屏障板的吸声特性可分为吸声型与反射型声屏障。通常,对于噪声源双侧都有敏感建筑的路段,为了减少声波在声屏障板上形成反射而影响对面的建筑,要采用吸声型的声屏障。因此,本工程声屏障采用吸声型的声屏障。

目前,吸声隔声板多采用金属型(钢+铝结构)、无机型(纤维水泥加压板)和热塑型(热塑性塑料玻璃纤维增强复合材料)等声屏障板。各类型声屏障板的主要技术经济指标如表5.46所示。

表5.46　吸声隔声板材料比选

主要指标	单位	金属声屏障板	无机声屏障板		热塑型声屏障板	
			组装型	现场型	吸声型	隔声型
单重	kg/m²	25~28	30~80	80~150	20~25	15~20
吸声性能	系数	0.6~0.9	—	≤0.65	0.7~0.80	—
隔声性能	dB	30	<28	≥32	≤26	≤30
抗风压	kPa	≤+3.0 ≥-2.5	≤+5.0 ≥-2.0	≥±5.0	≤+2.5 ≥-2.0	≤+2.5 ≥-2.5

续表

主要指标	单位	金属声屏障板	无机声屏障板		热塑型声屏障板	
			组装型	现场型	吸声型	隔声型
抗冲击	—	一般	差	较好	差	差
耐老化	20 年	一般	不可靠			
耐腐蚀	15 年	一般	不可靠			
环境协调性	—	一般	差	一般	较好	
价格		偏高	低	高	一般	略低
维护	—	偏高	低	高	高	低
施工成本	—	低	低	高	高	低
最大柱距/高度	m/m	≤4.0/≤8.0	≤3.0/≤4.0	—/≤3.0	≤2.0/≤3.0	≤2.0/≤3.0

根据以上分析,金属声屏障板相比于其他材质的声屏障板,其吸声系数高达0.9,隔声性能能达到30 dB以上,抗风压范围宽,通常采用耐候性能较好的铝合金复合型材料。因此,本工程全封闭声屏障吸声隔声板采用铝合金复合型材料。

其次,透明隔声板材料;透明隔声屏障一般采用夹层玻璃(夹胶玻璃)或塑料板材作为主要制作材料。塑料板材可以采用聚碳酸酯(PC)、亚克力(聚甲基丙烯酸甲酯,PMMA)、聚氯乙烯(PVC)、玻纤增强复合树脂(FRP)等加工制作。轨道交通工程主要采用强度、透光性能及耐候性能方面较强的聚碳酸酯和亚克力两种材料。表5.47主要对夹层玻璃、聚碳酸酯和亚克力三种透明隔声材料进行比选。

表 5.47　声屏障透明隔声板主要技术经济指标

主要指标	夹层玻璃	聚碳酸酯板	亚克力
厚度/mm	5 + 0.76 + 5	6.0	20
隔声指数/Rw	36	31	37
透光率	89%～90%	73%～88%	90%～93%
重量/(kg/m^2)	32	7.2	24
耐冲击性	一般	最好	好
防火性能	B1	B1	B1～B2
自洁性	稍好	一般	稍好
耐老化性	好	一般	最好
曲面加工	不可	冷弯、热弯	热弯
造价/m^2	300	500	500～1300

通过对比分析可知,6 mm厚的聚碳酸酯板可隔声31 dB左右,可塑性强,可以冷弯,适合现场的安装要求;夹层玻璃价格较低,可塑性差,但透光率高,易于清洁;亚克力板20 mm厚可隔声37 dB,可热弯,透光性好,耐候性较好,耐老化性时间长。因此,本工程全封闭声屏障建议透明隔声材料用亚克力板。

再次,吸声干涉装置:本工程全封闭声屏障在顶部的亚克力板上增加吸声干涉装置,能够增加 2 dB 以上的降噪效果。

最后,声屏障降噪效果:根据某轨道交通 6 号线对全封闭声屏障的实测结果,全封闭声屏障降噪可达到 20~23 dB(A)。通过类比同类工程的全封闭声屏障的降噪效果,本工程采用当前最好的声屏障材料以及合理的全封闭声屏障结构设计后,约 7 m 高的全封闭声屏障降噪效果能够达到 20 dB(A),约 5 m 高的半封闭声屏障降噪效果平均为 14 dB(A),约 3 m 高的单面直立(顶端为直线或弧线形)声屏障降噪效果平均为 9 dB(A)。采取降噪措施后,单独分析轨道交通噪声不超标,与现状叠加后,无增量或增量微小。其他敏感点应均达到相应的标准限值。

c. 建议环保搬迁及功能置换。对铁路外轨中心线 30 m 边界范围内敏感点进行环保搬迁,搬迁工作由铁路沿线区(县)人民政府负责,建设单位配合完成,费用由相关区(县)人民政府解决。

d. 其他建议。建议建设单位严格加强工程沿线的交通噪声防治,以高架、地面形式穿越规划建成区以外路段应预留安装声屏障条件。

e. 预留扰民纠纷处置费用。针对本工程声环境敏感点,在采取降噪措施后,声环境现状已经超标的敏感点受本工程噪声影响仍然较大;其声环境质量现状能够达标的敏感点,受本工程噪声影响,致使声环境不能达标的,可能造成噪声扰民。本次评价建议按照轨道交通降噪措施费用的 10% 预留款项,用于解决本工程运行期可能出现的噪声扰民纠纷和投诉。

B. 风亭、冷却塔噪声防治措施

a. 风亭、冷却塔噪声防治措施设计原则:

第一,风亭内风机设计应在满足工程通风要求的前提下,尽量采用小风量、低风压、声学性能优良的风机。

第二,新风井设置 2 m 长的片式消声器,排风井采用 3 m 长的片式消声器,活塞风井事故风机前后设 2 m 长消声器,通过采取以上措施加上风道的衰减量,其降噪量可达 45 dB。

第三,冷却塔采用超静音冷却塔。地下段冷却塔噪声主要来自冷却塔上部的风机噪声和下部的淋水噪声。冷却塔顶部风机噪声防治措施如下:在冷却塔顶部风机上分别设置消声器、消声弯头,消声器高 1.5 m,消声器顶部设置高 0.5 m 的消声弯头,消声量可达到 20 dB(A)。冷却塔进风口淋水处噪声防治措施如下:在冷却塔向声敏感点侧设置百叶式声屏障,并且在声屏障顶端安装圆筒吸声体,降噪量为 3~5 dB(A);在冷却塔落水处设置消声毯,降低冷却塔内水滴落冲击水面产生的噪声,消声量为 2~3 dB(A)。根据某地铁 1 号线某站冷却塔采取以上措施后的实测结果,冷却塔外 1 m 处降噪约 12.5 dB(A),对 15 m 处声环境敏感点的降噪量为 7.4~17.1 dB(A)。

本工程风亭、冷却塔周边的声环境敏感点(规划)距离地下车站在 30 m 以外,按以上原则进行设计能满足要求。

b. 建议对于风亭、冷却塔设置防护距离。《地铁设计规范》(GB 50157—2003)规定,2、4a 类区的防护距离分别为 15~30 m、15 m;如果不能达到相应区域的噪声限值要求时,应采取措施。防护距离内不能新建学校、居民区、医院等敏感建筑。

C. 车辆段噪声防治措施

对于 ZZ 车辆段周边距离试车线较近的某垭和距离出入线 4 较近的某坝,预留换装隔声窗经费。

轨道交通噪声频率段为 $500 \sim 2000$ Hz,中空玻璃$(3 + 6A + 3)$mm 的隔声量为 $24 \sim 44$ dB,真空玻璃$(4 + 0.8 + 4)$mm 的隔声量为 $29.2 \sim 35.6$ dB,夹胶玻璃$(4 + 0.76 + 4)$mm 的隔声量为 $34 \sim 35$ dB。隔声窗可以为通风隔声窗、平推隔声窗等,其中通风隔声窗降噪效果较好,本次评价预留费用按照通风隔声窗进行预留,单价按照 1500 元/m^2 计算。

② 地表水环境防护措施

各车站采用雨污分流制的排水系统,雨水就近排入城市雨水管网系统,污水经处理后纳入城市污水排水系统。

a. 生活污水处理措施。生活污水采用生化池预处理,COD、BOD_5、SS、动植物油去除率为 $10\% \sim 40\%$,达到《污水综合排放标准》(GB 8978—1996)中三级标准,就近排入城市排水管网,其中 ZZ 车辆段的食堂废水先经过隔油池处理后再进入生化池。

b. 生产废水处理措施。ZZ 车辆段的洗车过程中应采用无磷洗涤剂,洗车库旁设 2 个沉淀池,洗车废水由沉淀池沉淀后上清液回用于洗车,剩余排入市政污水管网。检修废水单独进入废水处理站,采用沉淀、混凝、气浮、过滤工艺进行处理(具体工艺见图 5.1),经处理后的尾水全部排入市政污水管网。

车辆段排出的检修废水汇集到格栅井后,将含油废水提升至油水分离器处理。调节沉淀池的作用是调节水量,均匀水质,起沉淀作用。沉淀污泥经刮泥机通过污泥井至污泥浓缩池,浓缩污泥经板框压滤机压滤后,泥饼外运。

废水泵前加药并通过一定量压缩空气在气浮罐内进行气水混合与空气溶解,以提高气浮处理 SS、COD 和石油类的效果,经气浮处理后,石油类去除率可达 95%,SS、COD 的去除率可达 80%。

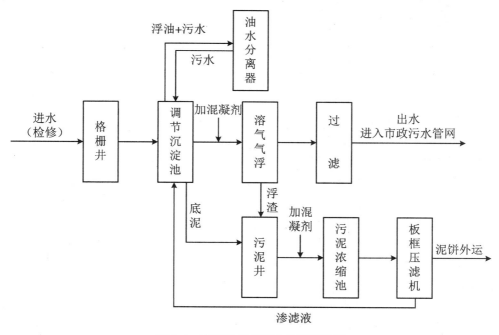

图 5.1　车辆段检修废水处理工艺图

③ 大气环境影响减缓措施

A. 减缓风亭异味对环境空气敏感点影响的措施

a. 各地下站及中间风亭采取的减缓异味措施。为了减缓风亭异味对环境空气敏感点影响,应对车站风亭采取绿化等措施。

b. 对土地利用规划的反馈。评价建议规划部门参照本环评报告对风亭周边尚未开发地块,排风井、活塞风井周边设置 20 m 的大气环境防护距离。不宜在距离排风口 20 m 范围内新建对大气环境敏感的建筑物或设施,如居住区、学校等。高风亭的百叶窗风口设置于主导风向的下风向,排风口尽可能设置于城市道路一侧,远离环境空气敏感点。

B. 防治车辆段废气对大气环境影响的措施

a. 砂轮机打磨废气。ZZ 车辆段砂轮机产生的粉尘,由砂轮机自带的吸尘防护罩和捕尘器除尘。经过处理后,在车辆段内无组织排放。砂轮机打磨废气能够达到《重庆市大气污染物综合排放标准》(DB 50/418—2016)中的标准。

b. 焊接烟尘。ZZ 车辆段交流弧焊机配套设置焊接工作台及烟尘净化机。经过处理后,在车辆段内无组织排放。焊接烟尘排放浓度能够达到《重庆市大气污染物综合排放标准》(DB 50/418—2016)中的标准。

c. 吹扫废气。ZZ 车辆段吹扫废气由分立式吹吸设备自带的除尘效率大于 99.9% 的除尘器处理后排放。排放浓度约为 1.2 mg/m³,能够达到《重庆市大气污染物综合排放标准》(DB 50/418—2016)中颗粒物的最高允许排放浓度 100 mg/m³ 的要求。

d. 食堂油烟。ZZ 车辆段餐饮规模属于中型,食堂油烟必须安装油烟净化设施,净化后烟气排放能够达到《饮食业油烟排放标准(试行)》(GB 18482—2001)要求。排烟系统做到封闭完好,排气筒出口朝向避开建筑物,具体处理工艺流程见图 5.2。

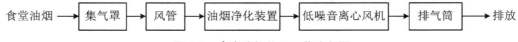

图 5.2　食堂油烟处理工艺流程图

④ 电磁环境防护措施

a. 牵引变电所。尽量不在电气设备上方设置软导线,降低电场强度、磁感应强度;避免或减少平行跨导线的同相序排列,尽量减少同相母线交叉及相同转角布置;提高设备和导线的高度;对变电所大功率的电磁振荡设备采取必要的屏蔽措施,将机箱的孔、口、门缝的连接缝进行密封处理。对于变电所设备的金属附件,如吊夹、保护环、保护角、垫片和接头等,确定合理的外形和尺寸,以避免出现高电位梯度点,所有的边、角都应挫圆,螺栓头也打圆或屏蔽,避免存在尖角和凸出物。使用设计合理的绝缘子,尽量使用能改善绝缘子表面或沿绝缘子串电压分布的保护装置。在安装高压设备时,保证所有的固定螺栓都可靠拧紧,导电元件尽可能接地。

b. 通信基站。各车站站内采用室内覆盖,尽量减小对周围环境中敏感点的影响;区间段通信在满足移动通信网络覆盖的前提下,合理选择天线位置,主射方向尽量避开敏感建筑物,架设高度满足预测要求。对于室内基站,要求基站尽量安装在站厅顶部,且架设高度高于人头顶至少 3.5 m;对于室外基站,要求基站天线挂高高于水平方向上 9 m 范围内人员可达到位置 3.3 m 以上,且主射方向尽量避开各敏感点。

c. 列车运行。位于评价范围内,采用有线电视和卫星天线收看电视的居民点基本不会受到电气化铁路干扰影响。虽然本项目沿线电视用户基本采用有线电视或卫星天线,受列车运行产生的电磁干扰较小,但建设单位应按照运行时信噪比不小于 35 dB 对列车运行产生的电磁干扰进行控制,确保轨道沿线两侧电视用户的收视效果不受影响。

⑤ 固体废物处置措施

a. 列车、车站、车辆段产生的生活垃圾,在车站、车辆段设不锈钢垃圾桶(保洁箱)对生活垃圾进行收集,纳入城市环卫系统,统一收运处理。污泥,送附近污泥处置中心;废零部件回收利用;蓄电池存储、蓄电池充电及维修均在蓄电池间完成,对蓄电池间进行防腐防渗处理、设置围堰,废蓄电池、废电解液交由有相应处理资质的单位处置;检修清洗零配件及主变电所更换变压器油产生废煤油、废润滑油、废含油棉纱以及少量污油,在车辆段内设置专用暂存库堆放,然后交由有相应处理资质的单位处置。

b. 对于蓄电池间、废油、废含油棉纱专用暂存库,应根据《危险废物贮存污染控制标准》(GB 18597—2001)等有关规定进行设置,在危险废物转移时应严格按照《危险废物转移联单管理办法》填写危险废物转移联单,并由双方单位保留备查。

⑥ 社会风险

业主单位应编制完成建设项目社会稳定风险分析报告,并委托有资质机构进行评估,出具评估报告。

A. 主要风险因素

a. 政策规划和审批类:前期工作和审批程序、法律法规和产业政策、公众参与等风险因素。

b. 征地拆迁和补偿类:土地、房屋、管线征收征用范围、标准和过程,补偿标准和资金到位情况,安置房源数量和质量、管线搬迁和绿化迁移方案等风险因素。

c. 生态环境影响类:水体和固体废物污染,噪声和振动,破坏公共活动空间、绿地及景观等风险因素。

d. 技术经济与项目管理类:资金筹措和保障、施工和质量管理、社会稳定风险管理体系等风险因素。

e. 经济社会影响类:就业和收入、公共配套设施、流动人口管理、商业经营、交通等风险因素。

f. 安全卫生与社会治安类:安全、卫生与职业健康,火灾、洪涝灾害,社会治安和公共安全等风险因素。

g. 媒体舆情与社会反应类:信访事件、群体性事件、宣传解释工作、媒体负面报道、项目支持度等风险因素。

其中征地拆迁及补偿风险、生态环境影响风险、媒体舆情和社会反应风险是项目面临的最大风险,也是各级政府相关部门和项目业主应该密切关注的风险领域。

B. 主要的风险防范和化解措施

在项目建设和运营过程中还应采取以下措施:

a. 项目应严格按照国家程序立项、审批,在取得环境影响评价、国土预审、规划选址、安全预评价等相关行政性批文后才可开工建设,做到合法、合理。

b. 项目在设计阶段要委托有相关设计经验和设计资质的单位进行方案研究和设计,确保工程方案安全可行,并按照国家有关规定进行专家评审,避免工程风险。

c. 针对拆迁工作难度大、持续时间长的特点,项目开工可先在不涉及拆迁的区域进行,待拆迁工作全部顺利、和谐、平稳地完成后再在涉及拆迁区域动工,以保证拆迁工作做得充分、到位。

d. 项目施工期应注重交通占线问题,尽量减少站点封闭施工对交通的阻滞,提前与施工地区的社区、街道等进行沟通,争取得到居民的理解和支持。

e. 项目施工期应注重环境影响,特别是针对噪声、振动、粉尘和大气污染,应做好严格的控制措施。

f. 加大宣传力度,通过新闻、网络、报纸等媒体以及现场公示等方式,提高公众知晓度、参与度,获得公众理解和支持,以避免社会不稳定事件的发生。

⑦ 环保投诉处理应急预案

本工程在施工、运行阶段,评价范围内公众对本工程进行环保投诉或发生环保纠纷时,业主单位是责任主体,应积极采取措施进行处理。

a. 负责部门:某市铁路(集团)有限公司作为业主单位,内部成立环保事件处理小组,明确责任分工。

b. 应急程序:当公众对本工程进行环保投诉时,业主单位应立即组织人员了解投诉情况以及工程情况,并且委托有相应环境监测资质的单位进行环境监测,了解本工程对投诉者的环境影响大小。

如发生地上线的噪声环保投诉,经过核实,确实对公众生活环境造成环境影响的地段,如果轨道未设置全封闭声屏障段,应更换为全封闭声屏障。如果已经采取全封闭声屏障措施,风亭、冷却塔采取消声、隔声等措施后,本工程仍对居民生活环境造成污染,应采取对住户更换隔声窗的措施。在采取以上措施后,本工程仍然对居民生活环境造成污染,可启用环保投诉纠纷处置预留经费,对受本工程环境污染的公众进行补偿或者进行功能置换。业主单位在积极采取上诉措施化解环保纠纷的基础上,也可引导公众采取民事诉讼方式,解决环保纠纷。

附　　录

附录 1　案例使用说明

1. 适用范围

适用对象：环境科学专业本科生。

适用课程：环境影响评价、环境影响评价课程实践。

2. 教学目的

（1）具有确定建设项目环境影响评价文件类型的能力。

（2）能够分析建设项目环境影响评价中应关注的主要环境问题及环境影响，掌握主要评价工作过程，能够确定建设项目影响各环境要素的评价工作等级、评价范围。

（3）初步具备参与建设项目环境影响评价的能力，如具有分析并确定建设项目是否符合产业政策或国家环保要求的能力；具备采用科学方法和程序对拟建项目产生的环境影响进行分析、预测和评价的能力等。

（4）具备根据拟建项目产生的环境影响给出预防或者减轻不良环境影响的对策和措施的能力。

3. 关键要点

（1）相关理论

环境影响评价制度、环境影响评价管理与工作程序、环境影响识别、环境影响评价、环境影响预测、环境保护防治措施。

（2）关键知识点

建设项目环境影响评价分类管理、环境影响识别、环境影响评价工作程序、环境影响政策符合性分析、环境影响预测与评价、预防或减轻不良环境影响的对策或措施。

（3）关键能力点

① 研读并分析环境影响评价相关领域的技术标准体系、技术导则体系、产业政策和法律法规的能力。

② 能分析和评价拟建项目对环境产生的主要影响及程度、范围，确定受影响各环境要素的评价工作等级。

③ 具备采用科学方法和程序对拟建项目产生的环境影响进行分析、预测和评价的能力。

④ 具备采用科学方法预防或减轻拟建项目不良环境影响的能力。

4. 案例分析思路

首先,对拟建项目"项目概况""建设项目周围环境概况"和"环境影响预测与评价"等资料认真研读分析。其中"建设项目环境影响评价文件类型的确定"考核的是环境影响评价管理程序的分类管理;"拟建项目环境影响评价的控制指标及管理限值"主要考核环境影响评价的评价及管理依据;"拟建项目环境影响识别及评价因子的筛选""拟建项目环境影响因素分析及评价重点"及"拟建项目环境影响评价中应关注的主要环境问题及环境影响"主要考核的是根据项目概况和周围环境概况进行环境影响识别;"拟建项目的主要评价工作过程"考核的是建设项目环境影响评价的工作程序;"拟建项目的评价标准、主要评价工作内容、评价重点和评价时段"考核的是建设项目环境影响评价的依据、工作重点及要求;"判断该项目各环境影响要素的评价工作等级、评价范围"则主要考核根据环境影响识别结果及具体环境要素(包括地表水、地下水、大气、声、土壤、生态)环境影响评价技术导则进行各环境影响要素评价工作等级的确定,进而确定其评价范围;"对拟建项目进行相关政策符合性分析"主要考核拟建项目与产业政策、产业结构、地方性规划等的符合性分析;案例 1 中"根据'重庆某区感染性医疗废物和损伤性医疗废物收集处置情况统计表'判断该扩建项目服务年限内是否能够满足某区医疗废物处置需求"则考核的是环境影响评价的预测分析能力;"列出主要环境影响及预防或者减轻不良环境影响的对策或措施"及案例 4 中"列出本项目主要退役源项的治理方案"主要考核的是根据环境影响识别及预测结果针对性提出拟建项目的环境保护措施的能力。

5. 教学建议

(1) 时间安排:大学标准课 6 节,270 min。

(2) 环节安排:① 收集阅读相关资料。用时 45 min,每组针对拟建项目性质及周围环境特征收集并阅读相关环境影响评价资料。② 分组讨论。用时 45 min,围绕思考题进行组内讨论。③ 组间交流。用时 90 min,每组派一名代表逐一交流对每道思考题的看法,除第 1 题 5 min 外,其他每道题约用时 17 min。④ 生成问题讨论。用时 35 min,全班共同参与讨论学员阅读或小组讨论过程中生成的问题。⑤ 教师点评。用时 25 min,对讨论进行概况与进一步引导,明确共识与分歧点。⑥ 政策风暴。用时 30 min,全班进行头脑风暴,思考环境影响评价工作的核心环节及工作要点有哪些。

(3) 适合范围:25 人左右的小组教学,每小组 5～6 人。

(4) 教学方法:小组与班级讨论为主,教师点评为辅。

(5) 组织引导:教师布置任务清晰,预习要求明确。为学习者提供参考资料清单。

(6) 活动设计建议:

提前 2～3 周布置阅读任务。包括案例文本、环境保护法律、政策等文件和环境影响评价技术导则体系文件。

组织学生在适合分组讨论的教室上课,每个小组提供一张小组讨论记录表,包括主讲人及小组成员的发言记录和综合的观点。指定一位学生做好录音工作。教师准备好点评的资料和提纲。

课后根据各小组的汇报情况及时分析案例教学的得失,以便为今后的案例教学做进一步的改进与完善。

附录 2　实 操 练 习

练习 1　环境影响评价分类管理练习案例

案例 1　某道路工程属于市政道路工程,道路不设置服务区和收费站等,建设地点位于某两居委之间,道路两侧建筑物主要为高层建筑,其余区域属居住、商业、工业混杂区,本项目道路两侧规划建设的第一排建筑物大部分在路边(线外 30 m)区域。其起点接某大道,经三兴雅郡、职教中心、第二卫校、奥体中央公园,终点与某大道相交,全长 1467.2 m,新增占地面积约 0.042 km²,设计道路标准路幅宽度为 24 m,城市次干路,双向 4 车道,设计行车速度 30 km/h。请确定该项目的评价文件类型。

案例 2　聚龙大道西段为聚龙大道一部分,道路等级为城市主干道,起点接于规划道路 1 交叉口,自西向东延伸先后与规划道路 2、规划道路 3、人和路平交,然后下穿盘龙路,再与规划道路 4 和规划道路 5 平交,终点接现状聚龙大道。标准路幅宽度为 32 m,双向六车道,设计速度为 50 km/h,道路全长 2717.526 m。全线含一段跨涡圈河桥梁,长约 54 m;一段长约 55 m 长挡墙,平均墙高为 10 m。请确定该项目的评价文件类型。

案例 3　某道路改扩建工程总长 1.428 km,起于国道 G 某 K187+917 处,止于 G 某 K189+377 处,利用原有道路进行扩建,改建后等级提升为一级公路,路宽 22 m,其中行车道宽 15 m,双向四车道,设计时速 60 km/h。全路段无桥梁和隧道;总投资 2827.96 万元;建设周期 5 个月。工程总占地 4.41 hm²,全部为永久占地;工程土石方开挖 3.54×10⁴ m³(含表土剥离 375 m³),回填和利用 2.46×10⁴ m³(含表土利用 375 m³),弃方 1.08×10⁴ m³,弃方运至李渡下湾弃渣场。请确定该项目的评价文件类型。

案例 4　涪陵区位于长江上游、重庆东部及三峡库区腹地,扼长江、乌江交汇要冲。坪西坝位于涪陵区南沱镇,距离涪陵城区 24 km,东距丰都 23 km。坪西坝在三峡水库蓄水前为季节性孤岛,属长江中浅丘地貌。三峡水库正常蓄水运行后,坪西坝形成了消落带,且土地征用线以上尚有土地面积为 0.31 km²,2005 年岛上居民全部外迁安置,现为无人居住的孤岛,岛上植被主要为果园、灌木林及荒草地。按照涪陵区经济社会发展规划和旅游业"十二五"发展规划,坪西坝将开展湿地保护工程,建立果树、花卉观赏园,并与南沱镇连丰至睦和移民乡村一道打造生态旅游区。

为了坪西坝治理消落区,维护库岸稳定、拓展坪西坝功能,促进当地旅游业发展、库周地区经济社会可持续发展和移民安稳致富等,在本库段实施综合整治工程。本工程主体工程为 3.05 km 的防洪护岸工程,此外,还包括堤顶道路(约 3.05 km)、下河坡道(约 477.95 m)、下河梯道、亲水平台及排水管涵等配套工程。项目总投资为 9756.76 万元。请确定该项目的评价文件类型。

案例 5　重庆市报废汽车(集团)有限公司涪陵第二分公司成立于 2014 年,主要经营报废汽车回收、拆解等,公司位于涪陵区江北街道碧水 1 组。重庆市报废汽车(集团)有限公司涪陵第二分公司投资 200 万元,租赁重庆贵博实业有限公司的再生资源场地进行"涪陵区江北报废汽车回收拆解场项目",占地面积 10000 m²,总建筑面积为 400 m²,建设内容主要包括废旧汽车存放区、拆解区、产品储存区、原料储存间、办公生活楼及环保设施;年平均回收、拆解报废汽车 2500 辆。请确定该项目的评价文件类型。

练习 2 某县医疗固体废物处理厂建设项目大气环境影响评价等级及范围确定案例

根据《环境影响评价技术导则 大气环境》(HJ 2.2—2018),大气污染物的最大地面浓度占标率 P_i 定义如下:

$$P_i = C_i/C_{0i} \times 100\%$$

式中,P_i 为第 i 个污染物的最大地面浓度占标率,%;C_i 为采用估算模式计算出的第 i 个污染物的最大 1 h 地面空气质量浓度,$\mu g/m^3$;C_{0i} 为第 i 个污染物的环境空气质量浓度标准,$\mu g/m^3$。一般选用 GB 3095 中 1 h 平均质量浓度的二级浓度限值。

1. 评价因子和评价标准筛选

评价因子和评价标准表见表 F2.1。

表 F2.1 评价因子和评价标准表

评价因子	平均时段	标准值($\mu g/m^3$)	标准来源
颗粒物(粒径小于等于 10 μm)	1 h 平均	450(24 h 平均限值 150 的 3 倍)	《环境空气质量标准》(GB 3095—2012)
SO₂	1 h 平均	500	
NO₂	1 h 平均	200	
非甲烷总烃	1 h 平均	2000	《环境空气质量标准 非甲烷总烃》(DB 13/ 1577—2012)

注:颗粒物(粒径小于等于 10 μm)1 h 均值以 24 h 平均浓度限值的 3 倍核算。

2. 估算模式参数

估算模式参数表见表 F2.2。

表 F2.2 估算模式参数表

参 数		取值
城市/农村选项	城市/农村	农村
	人口数(城市选项时)	—
最高环境温度/℃		45
最低环境温度/℃		−2
土地利用类型		落叶林
区域湿度条件		潮湿
是否考虑地形	考虑地形	■是 □否
	地形数据分辨率/m	90

续表

参 数		取值
是否考虑岸线熏烟	考虑岸线熏烟	是
	岸线距离/km	1
	岸线方向/°	90

3．排放源强参数

本项目废气排放源主要包括生产废气排气筒、锅炉废气排气筒以及无组织排放,排放源强参数见表 F2.3 和表 F2.4。

表 F2.3　点源参数表

编号	名称	排气筒底部中心坐标/m		排气筒底部海拔高度/m	排气筒高度/m	排气筒出口内径/m	烟气流速/(m/s)	烟气温度/℃	年排放小时数/h	排放工况	污染物排放速率/(kg/h)			
		X	Y								非甲烷总烃	SO₂	NO₂	颗粒物
1	生产废气	3433582	102061	499.70	15	0.55	11.6	20	5840	正常	0.323	—	—	—
2	锅炉废气	3433574	102076	499.70	15	0.15	9.1	60	5840	正常	—	0.097	0.117	0.008

表 F2.4　矩形面源参数表

编号	名称	面源起点坐标/m		面源海拔高度/m	面源长度/m	面源宽度/m	与正北向夹角/°	面源有效排放高度/m	年排放小时数/h	排放工况	污染物排放速率/(kg/h)
		X	Y								非甲烷总烃
1	废弃物处理厂房	3433572	102039	499.70	30.2	19.2	28	8	5840	正常	0.02

4．计算结果

据《环境影响评价技术导则　大气环境》(HJ 2.2—2018),采用其推荐的估算模式

AERSCREEN 进行评价等级和评价范围的确定,主要污染源估算模式计算结果见表 F2.5。

表 F2.5　大气估算模式结果表

污染源	污染物	最大落地浓度占标率
生产废气	非甲烷总烃	2.72%
锅炉废气	SO_2	2.39%
	NO_2	7.30%
	颗粒物(PM_{10})	0.22%
无组织废气	非甲烷总烃	1.89%

问题:请你根据以上信息给出该项目的大气环境影响评价等级并确定其评价范围。